実力養成！
エックス線作業主任者試験
重要問題集

福井 清輔 編著

- 確実に合格するための問題演習書
- 基礎問題→標準問題→発展問題の順にステップアップ！
- 巻末の実戦的模擬試験問題で万全！

弘文社

まえがき

　本書は，国家資格であるエックス線作業主任者の試験を受験される皆さんの試験対策学習用の問題集を提供する目的で用意しました。

　この試験の科目は，「エックス線の管理」，「エックス線の測定」，「エックス線の生体に与える影響」，および，「関係法令」の4科目からなっています。本書は，その4科目についてそれぞれを4つの項目に分け，その項目ごとに8問を用意しております。

　学習される科目の順序は，かならずしもこの順番通りでなくても，おひとりおひとりに合わせた順序でかまいません。取りつきやすい順番で取り組んでいただければ結構です。

　多くの資格試験の合格基準は一般的に60～70％となっています。エックス線作業主任者試験も全科目平均として60％以上（各科目が40％以上）で合格です。100％問題の正解を出さなければいけないというものではありません。ですから，「問題をすべて解かなければならない」と思われる必要はありません。コツコツと着実に少しずつ解ける問題を増やしていきましょう。

　合格される方の中には，「すべてを理解してはいなくても，平均的に60％以上の問題について正解が出せる方」が含まれます。逆にいいますと，40％は正解が出せなくても合格できるのです。多くの合格者がこのタイプといってもそれほど過言ではないでしょう。

　合格されない方の中には，「高度な理解力をお持ちであっても，100％を理解しようとして苦労しあるいは悩んで，道なかばで学習を中断される方」も含まれます。優秀な学力をお持ちの方で，受験に苦労される方が時におられますが，およそこのようなタイプの方のようです。

　この資格を目指される多くの皆さんのご奮闘を期待しております。

著　者

目 次

エックス線作業主任者受験ガイド …………………… 6
本書の学習の仕方 ……………………………………… 10
受験前の心構えと準備 ………………………………… 12
試験に臨んで …………………………………………… 13

第1章 エックス線の管理 …………………… 15
1 原子の成り立ちとエックス線の性質 ……………… 16
2 エックス線と物質の相互作用 ……………………… 27
3 測定装置の原理と構造 ……………………………… 39
4 測定装置の取扱い …………………………………… 48

第2章 エックス線の測定 …………………… 63
1 エックス線測定における量と単位 ………………… 64
2 検出器の原理と特徴 ………………………………… 74
3 サーベイメータの原理と特徴 ……………………… 84
4 個人線量計の原理と特徴 …………………………… 96

第3章 エックス線の生体に与える影響 ……… 107
1 放射線生物作用の基礎 ……………………………… 108
2 細胞・組織の放射線感受性と影響の分類 ………… 119
3 エックス線が組織や器官に与える影響 …………… 131
4 エックス線が全身に与える影響 …………………… 141

第4章 関係法令 ………………………………… 151
1 管理区域および線量限度 …………………………… 152
2 外部放射線の防護および緊急措置 ………………… 162
3 エックス線作業主任者および作業環境測定 ……… 172
4 健康診断および安全衛生管理体制 ………………… 180

目　次　　5

第5章 模擬問題と解説 ……………………… **191**
　1　模擬問題 ……………………………………… 192
　2　模擬問題の解答一覧 ………………………… 210
　3　模擬問題の解説と解答 ……………………… 211

索引 ……………………………………………………… 225

エックス線作業主任者 受験ガイド

１　エックス線作業主任者とは

　エックス線は，工業的分野，医学的分野，学術的分野，そして，その他分野にも広く利用されておりますが，エックス線装置の取扱いにあたって，その方法を誤りますと，関係者の人体に有害な影響を与えることになります。そのためエックス線装置を扱う職場では，エックス線に関する知識および技能を身につけた資格者である作業主任者の監督のもとで業務を行うことが義務付けられています。

　また第１種放射線取扱主任者免状の交付を受けている場合には，都道府県労働局長に免許交付申請をすることで，（試験を受けずに）エックス線作業主任者免許の交付を受けることができます。

２　エックス線作業主任者試験の受験資格

　この試験の受験資格には特別の制限はありません。性別，学歴，年齢などを問わず，受験することが可能です。

３　試験科目

区分	科　目	4科目受験者	1科目免除者	2科目免除者
午前	エックス線の管理に関する知識	○	○	○
午前	関係法令	○	○	○
午後	エックス線の測定に関する知識	○	○	―
午後	エックス線の生体に与える影響に関する知識	○	―	―

　免除科目については，５を参照下さい。

４　試験時間および合格基準

ａ）試験時間

- ・4科目受験者：午前2時間，午後2時間の計4時間
- ・1科目免除者：午前2時間，午後1時間の計3時間
- ・2科目免除者：午前2時間のみ

b）合格基準
- 4科目のそれぞれが40％以上
- 全科目合わせて60％以上

５　免除科目

科目免除対象者	免除科目	手続き
第2種放射線取扱主任者免状〈旧免状の（一般）を含む〉の交付を受けた者	・エックス線の測定に関する知識 ・エックス線の生体に与える影響に関する知識	受験申込書B欄の学科「一部免除」を○で囲み，（測定）（生体）と記入
ガンマ線透過写真撮影作業主任者免許試験に合格した者	・エックス線の生体に与える影響に関する知識	受験申込書B欄の学科「一部免除」を○で囲み，（生体）と記入

　添付書類も要求されていますが，その「写」には，「原本と相違ないことを証明する」との事業者等の証明が必要となっています。

６　試験日および試験地
　試験日は年に4～6回程度ですが，実施地区により時期や回数が異なっていますので，（公財）安全衛生技術試験協会，あるいは，各地区の安全衛生技術センターに問い合わせ下さい。

７　受験申請書頒布
a）窓口：受験申請書が，次のところで頒布されています。
- （公財）安全衛生技術試験協会
- 各地区の安全衛生技術センター
- 各センターのホームページ記載の申請書頒布団体

b）郵送：次のものを揃えて，受験を希望する各地区の安全衛生技術センターに申し込み下さい。
- 受験する試験の種類や必要部数を明記したメモ
- 所定の切手を貼り付け，宛先を明記した返信用封筒
- 返信用封筒のサイズは，角形2号 34cm×24cm

8 受験の申込み

a）受験申請書の受付
- 提出先：各地区の安全衛生技術センター
- 受付開始：試験日の2ヶ月前から
- 受付締切：窓口では，センターの休日を除いて，試験日の2日前まで
  　　　　　郵送では，試験日の2週間前の消印のあるものまで
  　　　　　ただし，各センターの定員に達した場合には，第2希望の日程になります。
- 提出方法：窓口は，土日祝日，年末年始，5月1日（創立記念休日）を除く。郵送は，簡易書留。

b）提出書類等
- 免許試験受験申請書：所定の用紙のもの
- 試験手数料：郵便振替または銀行振込用紙で払い込み，払込証明書を受験申請書の所定欄に貼り付け，受験料は6,800円（金額は年度により変更がありえますので，受験年のものをご確認下さい）
  　　　　　窓口では，現金での払い込みも可能です。
- 写真1枚（縦36mm，横24mm）
- 本人証明書：自動車免許証，健康保険被保険者証，労働安全衛生法関係の各種免許証の写し，住民票の原本などの身分証明書を添付。

9 安全衛生技術試験協会本部・ホームページ

a）本部
公益財団法人　安全衛生技術試験協会
〒101-0065　東京都千代田区西神田3-8-1
　　　　　　千代田ファーストビル東館9階
　　　TEL　03-5275-1088

b）ホームページ

　　　http://www.exam.or.jp/index.htm

❿ 安全衛生技術センターの連絡先

センター名	所在地	電話番号
北海道安全衛生技術センター	〒061-1407　北海道恵庭市黄金北3-13	0123-34-1171
東北安全衛生技術センター	〒989-2427　宮城県岩沼市里の杜1-1-15	0223-23-3181
関東安全衛生技術センター	〒290-0011　千葉県市原市能満2089	0436-75-1141
中部安全衛生技術センター	〒477-0032　愛知県東海市加木屋町丑寅海戸51-5	0562-33-1161
近畿安全衛生技術センター	〒675-0007　兵庫県加古川市神野町西之山字迎野	079-438-8481
中国四国安全衛生技術センター	〒721-0955　広島県福山市新涯町2-29-36	084-954-4661
九州安全衛生技術センター	〒839-0809　福岡県久留米市東合川5-9-3	0942-43-3381

本書の学習の仕方

　エックス線作業主任者試験に限りませんが，どの資格試験でもあきらめずにあくまでも続けて頑張ることが重要です。「継続は力なり」と言いますが，まさにそのとおりです。こつこつと努力されれば，たとえ時間がかかっても確実に実力がつきます。ぜひ頑張っていただきたいと思います。

　本書では，4科目のそれぞれを4項目に分け，さらに各項目において，試験によく出る問題8問（基礎問題3問，標準問題3問，発展問題2問）を用意しております。

　本書の学習の方法につきましては，基本的に学習される皆さんが，ご自分の目的やニーズに合わせて，最適と思われる方法で取り組まれることがよろしいでしょう。

　そのための目安として，本書では，それぞれの項目に，そして，また問題ごとにも次のような重要度ランクを設けております。必要に応じて参考にして下さい。

項　目
- 重要度 A：出題頻度がかなり高く，とくに重要なもの
- 重要度 B：ある程度出題頻度が高く，重要なもの
- 重要度 C：それほど多くの出題はないが，比較的重要なもの

問　題
- 重要度 !!!：出題頻度がかなり高く，とくに重要な問題
- 重要度 !!：ある程度出題頻度が高く，重要な問題
- 重要度 !：それほど多くの出題はないが，比較的重要な問題

　これらの重要度は，相対的なものではありますが，時間のないときには出題頻度の高いランクのものを優先して取り組むなど，学習にメリハリをつけるための参考にしていただくとよいでしょう。

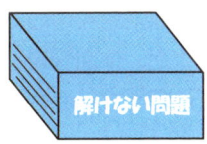

受験前の心構えと準備

　エックス線作業主任者試験も多くの資格試験の例にもれず，次のように計画的に準備する必要があります。

① 　事前の心構え

　弱点対策を中心に，計画的に学習を進めるようにして下さい。

　また，体調管理は大事です。受験の時期に風邪などをひかないように十分ご注意下さい。

② 　直前の心構え

　必要なもののチェックリストを作って確認するくらいの準備をして下さい。（送付された受験票も忘れずに）。

　試験会場の地図などもよく見ておき，当日にあわてないよう会場の位置などを下調べしておいて下さい。

　前の日は，睡眠を十分に取りましょう。試験近くなって，残業やお酒の付き合いなどはできる限り避けましょう。

③ 　当日の心構え

　試験会場には，少なくとも開始時間の30分程度前には到着するよう出発しましょう。ご自分の席を早めに確認し，また，用便も済ませておきましょう。

試験に臨んで

　試験会場では，はじまる前に深呼吸をして心を落ち着けましょう。

　試験が開始されたら，時間配分をよく考えましょう。

　計算問題はそれほど多くないとは思いますが，もしあれば得意な人は先に片付けて，そうでない方は他の問題を先にやって時間を作りましょう。その時でも，後で忘れないようにしなければなりませんね。

　次にそれぞれの問題では，どのような解答形式になっているのかしっかり確認してから，問題文を丁寧に読んで，確実に除外できる選択肢を消してゆきましょう。それでもどうしてもわからない時は，「あてずっぽ」で答えて次の問題に進みます。一問でムヤミに時間を使わないことも一つの受験技術です。ただし，確実に印を付けておいて，後で時間が残った時や忘れていたことを思い出した時にすぐ探せるようにしておきます。

　最後に時間が足りなくなって手をつけていない問題がある場合は，これも解答しないで提出するより，「あてずっぽ」ででも解答しなければなりませんね。勿論，「あてずっぽ」で解答することは最後の最後の手段です。一つの問題に10分も20分もかけていてはその時間的余裕もなくなってしまいますが，勉強された方なら問題を見ただけで正解が分かってしまう問題も結構あると思います。ですから，必ずしも順番に解かなければならないものでもありません。自信のある問題が目に付いたら，それから片付けていきましょう。そして，自信のなさそうなものを後に残すようにしてゆくことがコツかと思います。

第1章

エックス線の管理

管理とはいったいどういうことをするんでしょう

1 原子の成り立ちとエックス線の性質

重要度B

 基礎問題にチャレンジ！

問題1

重要度!!!

原子の成り立ちに関する次の記述のうち、誤っているものはどれか。

(1) 中性子と陽子の質量はほぼ等しいが、電子の質量はこれらの質量よりはるかに小さい。
(2) 電子と陽子の電荷については、それらの絶対値は等しいが、電子は負の電荷、陽子は正の電荷を持つので、符号は反対である。
(3) イオン化していない原子においては、原子核にある陽子の数と、その周りに存在する電子の数は一致し、その数はその原子の原子番号に一致する。
(4) 原子核に近いほうからの軌道（殻）の番号を n で表す時、その軌道に入りうる最大の電子数は、n^2 となる。
(5) 陽子の数が等しくて、中性子の数が異なる原子どうしを、同位元素（アイソトープ）という。

 解　説

原子は、**原子核**と**電子**（エレクトロン）からできています。太陽の周りを地球が回っているように、原子核の回りを電子が回っていると考えて下さい。

原子核はプラスの電荷を持った**陽子**（プロトン）と電荷を持たない**中性子**（ニュートロン）からなります。原子質量の大部分は原子核で、電子の重さは非常に小さいですが、電子にはマイナスの電荷があり、これがどのくらいあってどのように配置されているかで、原子の性質が決まります。

陽子と電子の数は（イオンにならない限り）基本的に同じで、この数 Z を**原子番号**と呼び、中性子の数 N と Z を合わせたもの（$Z+N$）を**質量数**といいます。

(1) 記述のとおりです。電子の質量は中性子や陽子の質量の約1,800分の1程度と小さいものです。
(2)(3) これらも記述のとおりです。電子と陽子の電荷については、それらの絶対値は等しいですが、電子は負の電荷、陽子は正の電荷を持つので、符号は反対です。また、イオン化していない原子においては、原子核にある陽子の

数と，その周りに存在する電子の数は一致し，その数はその原子の原子番号に一致します。

(4) 内側からn番目の軌道（殻）に入りうる最大の電子数は，$2n^2$となります。1つの軌道に2個の電子が入り，軌道が1つまたは複数集まって殻を構成します。単純に考えても，必ず偶数になりそうですね。n^2では，奇数になることもありますので，おかしいですね。

(5) 記述のとおりです。「同位」というのは周期律表の同じ位置にあるということです。

正解　(4)

問題2

重要度 !!!!

静止している電子の質量をエネルギーに変換すると，次のうちどれに最も近い値となるか。

ただし，光速を3×10^8[m/s]，電子の質量を9.1×10^{-31}[kg]，1電子ボルト（eV）を1.60×10^{-19}[J]とする。

(1) 0.05 MeV
(2) 0.5 MeV
(3) 5.0 MeV
(4) 50 MeV
(5) 500 MeV

解　説

質量とエネルギーは，本質的には同じもので，表れる状態が異なっても，次の関係に従って互いに変換します。ここで，mは物体の質量，cは光の速度です。

$$E = mc^2$$

この式に代入して求めるために，次の関係を利用します。

$$1\,[\text{kg}\cdot\text{m}^2/\text{s}^2] = 1\,[\text{J}] = \frac{1\,[\text{eV}]}{1.60\times10^{-19}}$$

したがって，

$$E = 9.1\times10^{-31}\,[\text{kg}] \times (3\times10^8\,[\text{m/s}])^2$$
$$= \frac{9.1\times10^{-31}\times(3\times10^8)^2}{1.60\times10^{-19}\times10^6}\,[\text{MeV}] = 0.51\,[\text{MeV}]$$

この辺りの計算は，単位を間違わずにできるように練習をしておきましょう。

前記のようにそれぞれの数値に単位を付けて，単位のほうも計算するようにすると，（計算式が妥当であるかどうかが分かり）計算上のミスが防ぎやすくなります。

なお，この電子の静止質量をエネルギーに換算した値 0.51MeV は覚えておくと何かと役に立ちます。

正解　(2)

むつかしい計算問題の解き方については
まずは，その分野の基本法則や基本原理を
学習しておくことが基本ですね。
その上で，問題を解く時に次のように考えてみたらどうでしょう
1）おおざっぱに問題文を読んでみて，どの分野のものか見ておきましょう
2）次に，問題文を熟読しましょう。一文ずつしっかり読んでできるだけ図や表に書いてみて，問題の内容を把握しましょう
3）その分野の基本法則や基本原理を思い出しましょう
4）選択肢をよく見てみましょう。選択肢には意外にも多くのヒントがあるものですよ
5）これらのことを総合して，問題の正解に迫る努力をしてみましょう！

1 原子の成り立ちとエックス線の性質

問題3　重要度!!

1.1×10^7 [m/s] の速度で運動している陽子の運動エネルギーは，次のうちどれに最も近い値となるか。

ただし，陽子の質量を 1.67×10^{-27} [kg]，$1\text{eV} = 1.60 \times 10^{-19}$ [J] とする。

(1) 0.2 MeV
(2) 0.4 MeV
(3) 0.6 MeV
(4) 0.8 MeV
(5) 1.0 MeV

解説

運動エネルギー E は $\frac{1}{2}mv^2$。そして，$1\text{J} = 1\text{kg}\cdot\text{m}^2/\text{s}^2$ ですから，

$$E = \frac{1}{2} \times 1.67 \times 10^{-27}\,[\text{kg}] \times (1.1 \times 10^7)^2\,[\text{m/s}]^2 \times \frac{1}{1.60 \times 10^{-19}}\,[\text{eV/J}]$$

$$= 0.63 \times 10^6\,[\text{eV}] = 0.63\,[\text{MeV}]$$

正解 (3)

標準問題にチャレンジ！

問題4　重要度 !!!!

エックス線に関する次の記述のうち，正しいものはどれか。

(1) エックス線は原子核から発生する電磁波として，ガンマ線は原子核の外から発生する電磁波として定義される。
(2) エックス線は高エネルギー荷電粒子の流れである。
(3) 特性エックス線のエネルギー分布は，連続スペクトルを示す。
(4) 特性エックス線を発生させるために必要な管電圧の限界値を励起電圧と呼ぶ。
(5) エックス線管の管電圧を低くすると，特性エックス線の波長は短くなる。

解　説

エックス線（X線）は電磁波の一種です。電磁波とは，電気的な力と磁気的な力による波です。電気の力が磁場を生み，その磁気の力が電場を構成して，エネルギーを伝えます。進行方向に直角な振動が伝わりますので，横波に属します。

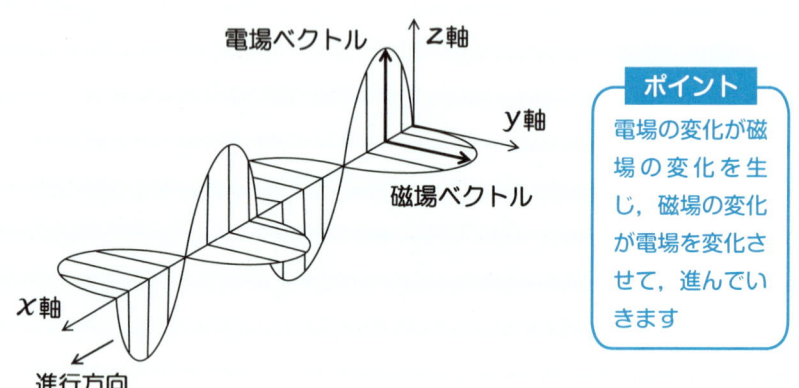

図1-1　電磁波における電場と磁場

電磁波の振動数を $\nu\,[\text{s}^{-1}]$ としますと，電磁波のエネルギー E はプランク定数 h によって次のように書かれます。（$h = 6.626 \times 10^{-34}\,\text{J}\cdot\text{s}$）

$$E = h\nu$$

1　原子の成り立ちとエックス線の性質　　　21

1）エックス線：原子核の外から発生する電磁波（外部からの電子照射等により電子軌道から発します）
2）ガンマ線　：原子核から発生する電磁波（原子核の変化や粒子の消滅によります）

しかし，これらはエネルギー領域（波長領域）でおおまかに区別されていて，およそ次のようになります。

表1-1　エックス線とガンマ線のエネルギー領域と波長領域

	エネルギー領域	波長領域
エックス線	0.01keV～1MeV *1	約 $10 \sim 10^{-3}$ nm（$10^{-8} \sim 10^{-12}$ m）
ガンマ線	10keV～1GeV *2	約 $10^{-1} \sim 10^{-6}$ nm（$10^{-10} \sim 10^{-15}$ m）

*1：M（メガ）$= 10^6$，eV（エレクトロンボルト）$= 1.602 \times 10^{-19}$ J（ジュール），*2：G（ギガ）$= 10^9$

(1) 記述は逆になっています。エックス線が原子核の外から発生する電磁波で，ガンマ線が原子核から発生する電磁波として定義されます。
(2) エックス線は荷電粒子ではありません。高エネルギー線ではありますが，電磁波の一種です。
(3) エネルギー分布が連続スペクトルを示すのは，連続エックス線（制動エックス線）です。特性エックス線は，線スペクトルを示します。
(4) これが，記述のとおりです。特性エックス線を発生させるために必要な管電圧の限界値を励起電圧と呼びます。
(5) 特性エックス線の波長は遷移する前後の軌道エネルギー差に依存します。エックス線管の管電圧には依存しません。

正解　(4)

エックス線とガンマ線は両方とも電磁波だけどその境い目は波長で決められているのではありませんよ

波長（エネルギー）が同じであっても電子軌道から出るのがエックス線で原子核から出るのがガンマ線なんですよ

問題 5　重要度 !!!

次の文章の下線部のうち，不適切なものはどれか。

　(1)ニュートン力学によると，光やエックス線などの(2)電磁波は(3)波動性と(4)粒子性の両方の性質を持つと解釈される。したがって，(2)電磁波は，(3)波動であると同時に(4)粒子でもあり，エネルギーと(5)運動量を有する。

　正しくは，(1)の下線部は「量子論」あるいは「量子力学」になります。アインシュタインを中心として確立された力学です。
　ニュートン力学（古典力学）は，巨視的な物体の運動についてきれいな体系を作り上げましたが，素粒子レベルでの運動については，ニュートン力学で記述することができず，その後確立された量子論，あるいは，量子力学の理論によって扱われています。
　その理論によれば，電磁波は波動でありながら粒子でもあるとされています。

正解　(1)

問題 6　重要度 !!

特性エックス線に関する次の記述のうち，正しいものはどれか。

(1)　特性エックス線は制動エックス線の放出に伴って発生する。
(2)　特性エックス線は光電効果に伴って発生することがある。
(3)　特性エックス線のエネルギー分布は広い山形スペクトルである。
(4)　特性エックス線は原子番号の小さい物質から発生しやすい。
(5)　特性エックス線のエネルギーは一般に数 eV から数十 eV 程度である。

　特性エックス線（蛍光エックス線，固有エックス線，示性エックス線）とは，より内側の電子軌道に電子が飛び移る際（遷移）に発生するエックス線で，その原子に固有の特性(固有の波長)を持ちます。蛍光とは外部からのエネルギー

が遮断された後で発生する電磁波のことです。
(1)　特性エックス線は制動エックス線の放出以外にも，軌道電子捕獲などによって発生することがあります。
(2)　これは記述のとおりです。特性エックス線は光電効果に伴って発生することがあります。
(3)　特性エックス線は単一エネルギー状態で，そのエネルギー分布は細い線スペクトルとなります。
(4)　特性エックス線は原子番号の大きい物質から発生しやすいです。
(5)　特性エックス線のエネルギーは一般に数keVから数十keV程度です。

正解　(2)

特性エックス線には蛍光エックス線や固有エックス線，示性エックス線などとたくさんの名前があるんですね

発展問題にチャレンジ！

問題7　重要度！

粒子の質量を m，その速度を v とすると，古典力学においてその運動量 p は次のように表される。

$$p = mv$$

これに対し，粒子速度 v が光速 c に近づく場合には，量子力学において運動量 p はどのように表されるか。正しいものを選べ。

(1) $p = \dfrac{mv}{\sqrt{1 + \left(\dfrac{c}{v}\right)^2}}$

(2) $p = \dfrac{mv}{\sqrt{1 - \left(\dfrac{c}{v}\right)^2}}$

(3) $p = \dfrac{mv}{\sqrt{1 + \left(\dfrac{v}{c}\right)^2}}$

(4) $p = \dfrac{mv}{\sqrt{1 - \left(\dfrac{v}{c}\right)^2}}$

(5) $p = mv\sqrt{1 - \left(\dfrac{v}{c}\right)^2}$

解説

それぞれの選択肢の式について，わかりやすい値を代入して不自然であるかないかを点検していきましょう。

粒子速度 v が光速 c に近づく場合に，量子力学において運動量 p は極めて大きくなり，$v \to c$（$v \fallingdotseq c$）ではほとんど無限大になります。この条件を満たす式は(2)と(4)だけですね。ただし，$v < c$ ですので，(2)は平方根記号の中がマイナスになって不合理です。したがって，正解は(4)となります。

正解　(4)

問題 8

重要度 !

エックス線およびガンマ線に関する次の記述のうち、誤っているものはどれか。

(1) エックス線とガンマ線は、それらのエネルギーの大きさで区分されている。
(2) 波長としては、エックス線はおよそ100 nmから10^{-3} nm程度であり、ガンマ線はおよそ10^{-1} nmから10^{-6} nm程度である。
(3) エックス線やガンマ線のエネルギー E [eV] と波長 λ [nm] の間には次の関係式がある。

$$E\lambda = 1,240$$

(4) エックス線については、エネルギーの大きさによって、小さいほうから超軟エックス線、軟エックス線、硬エックス線と呼ぶ区分がある。
(5) エックス線には特性エックス線と連続エックス線の区分がある。

解説

(1) エックス線とガンマ線は、エネルギーの大きさで区分されているわけではありません。これらは発生機構で区別されています。原子核の内部から発生する電磁波がガンマ線で、原子核の外側（電子軌道など）から発生する電磁波がエックス線とされています。

(2)(3) これらは記述のとおりです。波長としては、エックス線はおよそ100 nmから10^{-3} nm程度であり、ガンマ線はおよそ10^{-1} nmから10^{-6} nm程度です。また、エックス線やガンマ線のエネルギー E [eV] と波長 λ [nm] の間には次の関係式があります。

$$E\lambda = 1,240$$

(4) これも記述のとおりです。超軟エックス線は 10～100 eV、軟エックス線 100 eV～10 keV、硬エックス線は 100 keV～1 MeV 程度です。
(5) やはり記述のとおりです。エックス線には特性エックス線と連続エックス線の区分もあります。

正解 (1)

ちょっと一休み

なぜ，電子軌道の名称はK殻から始まるのか？

　確かに，原子における電子軌道は内側から，K殻，L殻，M殻，…と呼ばれています。なぜ，一番内側なのに，それがA殻から始まっていないのでしょう。

　それは，その軌道が見つかった時点で，「もっと原子核の近くには軌道があるかもしれない」と思われたからです。将来そのような軌道が見つかった時にも命名しやすいように，もっと奥の軌道のためのものを用意しておいたということらしいです。

　最初に命名する人は，いろいろと後のことまでも考えてくれるものなのですね。

2 エックス線と物質の相互作用

重要度A

問題1　重要度!!!

単一エネルギーの細いエックス線が減弱する現象における半価層に関する次の記述のうち、正しいものはどれか。

(1) 半価層は、エックス線光子のエネルギーが変化しても一定である。
(2) 半価層の厚さの5倍が1/10価層の厚さとなる。
(3) 硬エックス線は、軟エックス線より半価層が薄い。
(4) 半価層と減弱係数との和は一定である。
(5) エックス線の強さが半分になる厚さである通常の半価層を第一半価層、エックス線の強さが半分の半分になる厚さを第二半価層という場合もある。

解　説

エックス線は物質を透過しますが、透過しながらその強さが減っていきます。その関係は次のような指数関数で表すことができます。透過する物質の厚さを、x [cm]、透過前の強さ（線量率）を I_0、透過後の強さを I としますと、**減弱係数（線減弱係数、線吸収係数）**を μ [cm^{-1}] として、

$$I = I_0 \exp(-\mu x) = I_0 e^{-\mu x}$$

ここで、e は指数関数の底と呼ばれるもので、2.71828459……という無理数です。

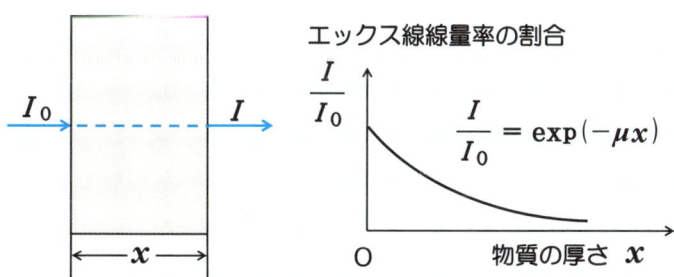

図1-2　エックス線の透過による減弱（減衰）

エックス線の強さが半分になる厚さを**半価層**，強さが$1/m$になる厚さを**$1/m$価層**といいます。半価層を$x_{0.5}$と書きますと，$x = x_{0.5}$のとき，$I_0 = 2I$となりますから，$\log_e 2 = 0.693$を使って次のように書けます。これらの式は多くの問題を解くのに重要です。($x_{0.5}$を第一半価層，$x_{0.5}$からさらに半分の$x_{0.25}$になる厚さを第二半価層という場合もあります。)

$$x_{0.5} = -\frac{1}{\mu} \log_e \frac{1}{2} = \frac{0.693}{\mu}$$

$$\frac{I}{I_0} = 2^{-\frac{x}{x_{0.5}}} = \left(\frac{1}{2}\right)^{\frac{x}{x_{0.5}}}$$

同様の計算によれば，$1/m$価層について，次のようになります。

$$1/m\text{価層} = \frac{\log_e m}{\mu} = \frac{\log_e m}{0.693} \times x_{0.5}$$

$$\frac{I}{I_0} = \left(\frac{1}{m}\right)^{\frac{x}{x_{1/m}}}$$

$1/10$価層$x_{0.1}$を使えば，線量率を$(1/10)^n$に小さくできる厚さが$n\,x_{0.1}$になります。

(1) 減弱係数はエックス線の線質と透過する物質の種類によって定まります。線質は波長に依存しますので，当然エネルギーにも関係します。エネルギーによって変化する減弱係数は半価層との積が一定の関係にありますので，記述は誤りです。

(2) 半価層の厚さの5倍は，$1/32$価層の厚さになります。$1/m$価層には次のような関係式があり，

$$1/m\text{価層} = \frac{\log_e m}{\mu}$$

$1/2^5 = 1/32$ですので，次のようになります。

$$1/2\text{価層} \times 5 = \frac{\log_e 2 \times 5}{\mu} = \frac{5\log_e 2}{\mu} = \frac{\log_e 2^5}{\mu} = \frac{\log_e 32}{\mu} = 1/32\text{価層}$$

(3) 硬エックス線とは，高エネルギーのエックス線です。次の表のような関係にあります。

2 エックス線と物質の相互作用

表1-2 エックス線の線質の特徴

	透過力	半価層	波長	エネルギー
硬いエックス線	強い	厚い	短い	高い
軟らかいエックス線	弱い	薄い	長い	低い

(4) 「和」ではなくて，半価層と減弱係数との「積」が一定です。次式によって確認して下さい。

$$半価層 = 1/2\,価層 = \frac{\log_e 2}{\mu}$$

(5) これは，記述のとおりです。エックス線の強さが半分になる厚さである通常の半価層を第一半価層，エックス線の強さが半分の半分になる厚さを第二半価層ということもあります。

正解 (5)

問題2　重要度!!!

連続エックス線に関する次の記述のうち，誤っているものはどれか。

(1) 連続エックス線とは，単色エックス線が多く集まったエックス線である。
(2) 連続エックス線は，白色エックス線とも呼ばれる。
(3) 連続エックス線が物体を通過する時，物体の厚みを増やすと，エックス線の半価層の大きさは低下するが，厚みが十分に大きくなるとほぼ一定となる。
(4) 連続エックス線が物体を通過する時，物体の厚みを増やすと，エックス線の平均減弱係数は低下するが，厚みが十分に大きくなるとほぼ一定となる。
(5) 連続エックス線が物体を通過する時，物体の厚みを増やすと，エックス線の実効エネルギーは増加するが，厚みが十分に大きくなるとほぼ一定となる。

解説

連続エックス線は，単色エックス線と異なって，物質を透過する際に線質が次の図のように変化します。これは，少しわかりにくいですが，連続エックス線がエネルギーの異なるエックス線の集まりであることを考えていただければ理解しやすいと思います。つまり，エネルギーの小さいエックス線は早めに減弱して，厚みの厚いところではエネルギーの大きいエックス線が残るために，このような現象となります。

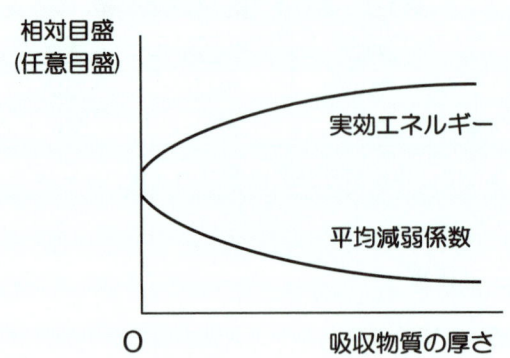

図1-3 吸収物質の厚さと連続エックス線の線質

(1) これは記述のとおりです。連続エックス線とは，単色エックス線が多く集まったエックス線です。
(2) 白色光は多くの波長の光が集まったものですが，エックス線も同じように，単色エックス線が多く集まったエックス線を白色エックス線と呼ぶことがあります。
(3) 連続エックス線が物体を通過する時，物体の厚みを増やすと，エックス線の半価層の大きさは徐々に大きくなります。「低下する」は誤りです。厚みが十分に大きくなるとほぼ一定となることは，そのとおりです。
(4)(5) これらは記述のとおりです。連続エックス線が物体を通過する時，物体の厚みを増やすと，エックス線の平均減弱係数は低下しますが，厚みが十分に大きくなるとほぼ一定となります。また，連続エックス線が物体を通過する時，物体の厚みを増やすと，エックス線の実効エネルギーは増加しますが，厚みが十分に大きくなるとほぼ一定となります。

正解 (3)

問題3　重要度 !!!!

エックス線と物質の相互作用に関する次の文章の下線部の中で，不適切なものはどれか。

エックス線光子と物質との(1)相互作用によって，エックス線(2)線量率は減弱する。入射エックス線光子が細い線束で入射する場合には，エックス線(2)線量率は透過した(3)距離に応じて次式のように(4)対数的に減弱する。ここで，

I_0 は入射する(2)線量率，I は物質中を(3)距離 x [cm] だけ透過した後の(2)線量率，μ は物質固有の(5)比例係数[cm^{-1}] である。

$$I = I_0 \exp(-\mu x)$$

線量率は，透過する距離の対数に比例して減弱するのではなくて，距離の指数に比例して減弱しますので，不適切な下線部は(4)となります。対数的ではなく，指数的に減弱します。式は記述のとおりです。

$$I = I_0 \exp(-\mu x)$$

この式において x の比例係数 μ は，エックス線のエネルギーと物質の性質によって定まる定数で，線減弱係数あるいは線吸収係数などと呼ばれます。

正解 (4)

徐々に減っていく現象はふつう指数関数的に減っていくものなんですね

標準問題にチャレンジ！

問題4 重要度!!!

物質を通過するエックス線に関する次の記述のうち，誤っているものはどれか。

(1) エックス線が物質を通過する際に，透過する物質の厚さを x [cm]，透過前の強さ（線量率）を I_0，透過後の強さを I とすると，減弱係数を μ [cm^{-1}] として，次のような関係がある。

$$I = I_0 \exp(-\mu x) = I_0 e^{-\mu x}$$

(2) 物質の密度が ρ [g·cm^{-3}] であるとき，次の量を質量減弱係数といい，これは物質によらない定数である。

$$\mu_m = \mu / \rho \quad [\text{g}^{-1} \cdot \text{cm}^2]$$

(3) エックス線の強さが半分になる厚さを半価層，エックス線の強さが半分になった位置からさらにその半分になるまでの厚さを第二半価層という。

(4) 線量率を $(1/10)^n$ に小さくできる厚さは，1/10 価層の厚さの n 倍である。

(5) 1/10 価層を $x_{0.1}$ と書けば，線量率を $(1/10)^n$ に小さくできる厚さは $nx_{0.1}$ である。

解説

(1) 記述のとおりです。前問にもありましたが，エックス線が物質を通過する際に，透過する物質の厚さを x [cm]，透過前の強さ（線量率）を I_0，透過後の強さを I としますと，減弱係数を μ [cm^{-1}] として，次のような関係があります。

$$I = I_0 \exp(-\mu x) = I_0 e^{-\mu x}$$

(2) 質量減弱係数は，質量吸収係数ともいい，これは物質固有の係数です。「物質によらない定数」は誤りです。

(3)～(5) これらはそれぞれ記述のとおりです。

正解 (2)

問題5　重要度!!

連続エックス線が物質を通過する際の減弱に関する次の記述のうち，誤っているものはどれか。

(1) 連続エックス線が物質を通過する時，全強度は低下するが，中でも低エネルギー成分の減弱のほうが大きい。
(2) 半価層の厚さは，同じ物質であっても，照射されるエックス線の実効エネルギーによって異なる。
(3) 連続エックス線が物質を通過する時，最高強度を示すエックス線エネルギーはエネルギーの小さいほうに移動する。
(4) 連続エックス線が物質を通過する時，低エネルギー成分のエックス線は高エネルギー成分よりも減弱係数が大きい。
(5) 連続エックス線を発生させるための管電圧を高くすると，発生する連続エックス線の平均減弱係数は小さくなる。

解説

連続エックス線は，制動エックス線，阻止エックス線，白色エックス線などともいわれ，連続的な波長（連続スペクトル）を持つエックス線のことで，一般に加速電子線が原子に当たって減速しますので「制動」「阻止」などと呼ばれます。白色と呼ばれるのは，多くの波長を有することからです。

(1)(2) それぞれ記述のとおりです。連続エックス線が物質を通過する時，全強度は低下しますが，中でも低エネルギー成分の減弱のほうが大きいです。また，半価層の厚さは，同じ物質であっても，照射されるエックス線の実効エネルギーによって異なります。
(3) 連続エックス線が物質を通過しますと，低エネルギー側の減弱が平均より大きいので，最高強度を示すエックス線エネルギーは大きい側へ移動します。「小さいほう」は誤りです。
(4) 記述のとおりです。連続エックス線が物質を通過する時，低エネルギー成分のエックス線は高エネルギー成分よりも減弱係数が大きいです。
(5) 連続エックス線を発生させるための管電圧を高くしますと，エックス線の強度が増大します。これによって最高強度の値が高エネルギー側に移動しますので，減弱しにくい方向に変化し，平均減弱係数は小さくなります。

正解　(3)

問題6　重要度！

エックス線がある物質を通過する際の $1/n$ 価層が $x_{1/n}$ と与えられている。いま厚さ x の物質を通過するときのエックス線の強さを I とし，透過前の強さを I_0 とすると，I を表す式として正しいものは次のうちどれか。

ただし，n は正の整数とする。

(1) $I = I_0 n^{\frac{x}{x_{1/n}}}$

(2) $I = I_0 n^{\frac{x_{1/n}}{x}}$

(3) $I = I_0 \left(\frac{1}{n}\right)^{\frac{x}{x_{1/n}}}$

(4) $I = I_0 \left(\frac{1}{n}\right)^{\frac{x_{1/n}}{x}}$

(5) $I = I_0 n \left(\frac{1}{n}\right)^{\frac{x_{1/n}}{x}}$

解説

物質の厚さ x が大きくなるとエックス線の強さ I は小さくならなければなりません。ところが，たとえば(1)において n は正の整数ですから I は x とともに大きくなります。これは不自然ですね。

また，(2)では，$x \to \infty$ の時に $I \to n^0 = 1$ となって，やはり不自然です。(4)および(5)も同様に不自然です。

結局，正解は(3)となります。

2 エックス線と物質の相互作用

試験の際はこのような解き方でもよいのですが，まともに計算する方法での確認もしなければ安心できない方もおられると思いますので，計算してみます。

もとになる式は，次の式です。

$$I = I_0 \exp(-\mu x)$$

これから，

$$I/n = I_0 \exp(-\mu x_{1/n})$$

$$\therefore \quad n = \exp(\mu x_{1/n})$$

したがって，

$$\mu = \ln(n)/x_{1/n}$$

これをもとの式に代入して，

$$I = I_0 \exp\{-\ln(n) x/x_{1/n}\}$$

$$I/I_0 = \exp\{-\ln(n) x/x_{1/n}\}$$

両辺の対数をとって，

$$\ln(I/I_0) = -\ln(n) x/x_{1/n}$$

$$\therefore \quad \ln(I/I_0) = x/x_{1/n} \ln(n^{-1})$$

この式で，$x/x_{1/n}$ を $\ln(n^{-1}) = \ln(1/n)$ の右肩に乗せて両辺から ln を外せば次のようになります。

$$I = I_0 \left(\frac{1}{n}\right)^{\frac{x}{x_{1/n}}}$$

正解 (3)

発展問題にチャレンジ！

問題7

重要度 !

単一エネルギーの細いエックス線に対するある鋼板の半価層が 10 mm であったという。このとき 1/10 価層の値として最も近いものは次のうちどれか。ここで，$\log_e 2 = 0.69$，$\log_e 5 = 1.61$ を用いてよい。

(1) 15 mm
(2) 20 mm
(3) 27 mm
(4) 33 mm
(5) 40 mm

解説

$1/m$ 価層と減弱係数 μ との関係は次のような式で表されます。

$$1/m \text{ 価層} = \frac{\log_e m}{\mu}$$

したがって，半価層（1/2価層）と 1/10 価層はそれぞれ次のようになります。

$$1/2 \text{ 価層} = \frac{\log_e 2}{\mu}$$

$$1/10 \text{ 価層} = \frac{\log_e 10}{\mu}$$

1/2 価層の式より，

$$1/2 \text{ 価層} = 10 \text{ mm} = \frac{\log_e 2}{\mu} = \frac{0.69}{\mu}$$

これより，

$$\mu = 0.069$$

一方，

$$\log_e 10 = \log_e 2 + \log_e 5 = 0.69 + 1.61 = 2.30$$

となりますので，

$$1/10 \text{ 価層} = \frac{2.30}{0.069} = 33.3 \text{ mm}$$

正解 (4)

問題 8

重要度 !!!

単一エネルギーのエックス線を太い線束として物質に照射する場合の減弱における再生係数に関する記述のうち，誤っているものはどれか。

(1) 再生係数は，ビルドアップ係数ともいわれる。
(2) 再生係数 B は，エックス線の通過前後の強度 I_0 および I，減弱係数 μ，通過厚み x によって次のように書かれる。

$$I = BI_0 \exp(-\mu x)$$

(3) 再生係数は，一般に1よりも大きい。
(4) 再生係数は，エックス線が通過する位置から近い場所よりも，遠い場所の影響のほうが大きい。
(5) 再生係数は，入射エックス線のエネルギーや物質の材質によっても変化する。

解 説

単一波長のエックス線を，細い孔であるスリットを使って照射しますと細い線束になりますが，スリットを使用しない場合には太い線束のエックス線になります。その場合，細い線束の場合と事情がかなり異なって，散乱エックス線などの影響が大きくなってしまいます。透過後のある位置のエックス線強度を I_T，散乱によってその位置に達する散乱線強度を I_S としますと，次式のように表されます。

$$I_T = I + I_S = I\left(1 + \frac{I_S}{I}\right) = BI$$

この式の最右辺の係数 B を**ビルドアップ係数**（**再生係数**）といいます（$B \geqq 1$）。B が大きい場合には，（単一波長の場合より多くのエックス線が到達しますので）減弱係数は細い線束の場合より小さくなります。B は（物質の材質にも左右されますが）物質に近いほど，また，物質の面積が広いほど，厚さが厚いほど大きくなります。

(1)～(3) いずれも正しい記述です。
(4) これは普通に考えてもおかしいですね。一般に近い場所の影響のほうが大きいことは分かると思います。記述は誤りです。
(5) 記述のとおりです。再生係数は，入射エックス線のエネルギーや物質の材質によっても変化します。

正解 (4)

ちょっと一休み

ヒトは頭がよくなったから，道具を使ったの？

　普通は頭がいいからいろんなことが分かり，いろんなことができると思われていますね。でも，サルからヒトになってきた過程を調べてゆくと，明らかに道具を使うようになってから後に，脳が発達していったということが分かっています。

　これと似たようなことで，「元気があるから，大きな声が出る。明るい声が出る」という場合も勿論ないではないですが，「大きな声を出すから，明るい声を出すからこそ，元気が出る」ということもあるはずです。元気がない時こそ，意識的に大きな声，明るい声を出すことによって，気持ちも明るく元気になりたいものです。

　こういうことが意識してできるような人のことを，「自己管理ができる人」というのかも知れません。

③ 測定装置の原理と構造

重要度 B

基礎問題にチャレンジ!

問題 1　　重要度 !!!

次にエックス線の発生装置の図を示すが,その中の(1)～(5)において,正しい名称が示されているものはどれか。

図中ラベル:
- (1) 陽極
- (2) エックス線管
- (3) 陰極
- (4) フィラメント
- (5) ターゲット
- 照射電子（熱電子）
- 発生エックス線

解　説

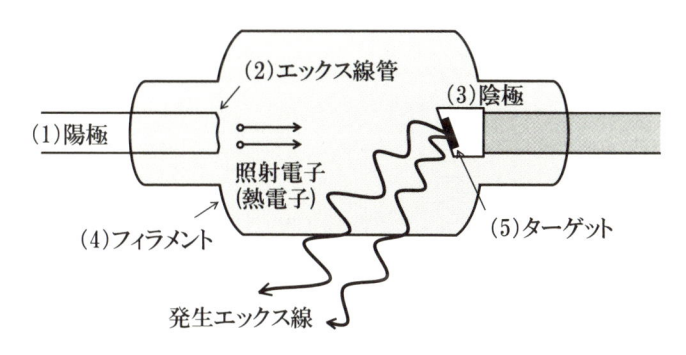

図において,まず(1)の陽極と(3)の陰極とが入れ替わっていますね。陰極はマイナスですから電子の発生側でなければなりません。また,照射電子を発生させるものがフィラメントですので,(2)と(4)とが入れ替わっています。正解は(5)となります。正しい図を以下に示します。

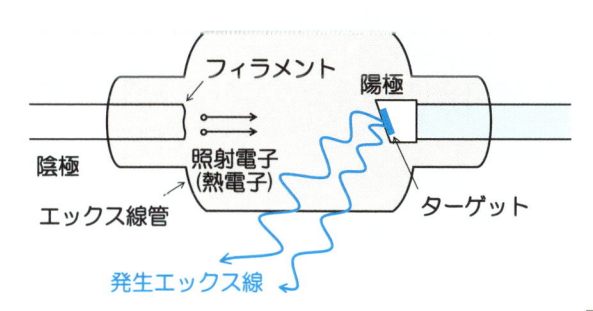

正しい図のラベル:
- フィラメント
- 陽極
- 陰極
- エックス線管
- 照射電子（熱電子）
- ターゲット
- 発生エックス線

図 1-4　エックス線の発生装置

正解　(5)

問題2　重要度 !!!

エックス線管から発生する連続エックス線の全強度を I，管電流を i，管電圧を V，ターゲット原子の原子番号を Z とする時，これらの間の関係を示す式として正しいものは次のうちどれか。

ただし，k を比例定数とする。

(1) $I = kiVZ$
(2) $I = ki^2VZ$
(3) $I = kiV^2Z$
(4) $I = kiVZ^2$
(5) $I = ki^2V^2Z$

解説

発生するエックス線の強度 I（光子個数・cm^{-2}・s^{-1}，あるいは，線量率）はターゲット原子の原子番号 Z とエックス線管の管電流 i とに比例し，管電圧 V の2乗に比例することが知られています。すなわち，次のようになります。

$$I = kiV^2Z$$

なお，エックス線の発生効率を η としますと，供給された電気エネルギーが iV となりますので，I を iV で割って，次のようになります。η は一般に 0.8 程度です。

$$\eta = kZV$$

正解　(3)

問題3　重要度 !!!

携帯式エックス線装置に関する次の文章の下線部の中で，誤っているものはどれか。

工業用の携帯式（一体型）エックス線装置は，JISに規定があるように，(1)エックス線管や(2)高電圧発生器を含む(3)エックス線発生器や(4)制御器からなっており，これらを(5)高電圧ケーブルで接続する形となっている。

解説

エックス線発生装置は，主なパートとして次のものからなっています。
① エックス線発生器
② 高電圧発生器
③ 制御器
④ 高電圧・低電圧ケーブル

それらの構成方式として，一体型（携帯式）と分離型（据置式）とがあり，図1-5，図1-6のようになっています。

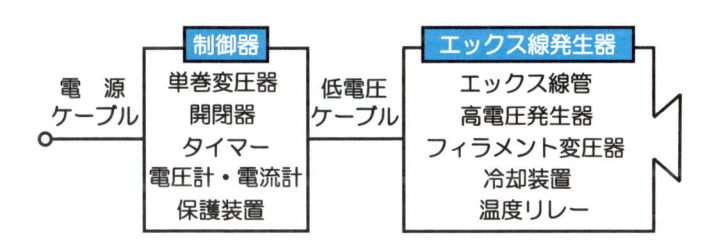

図1-5　一体型（携帯式）エックス線装置の構成

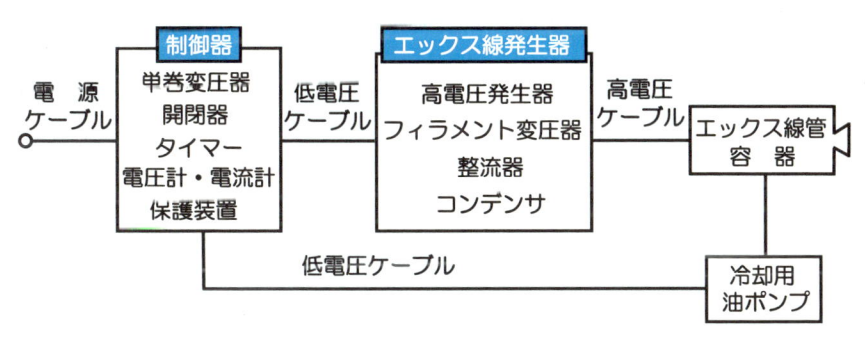

図1-6　分離型（据置式）エックス線装置の構成

文章中の(5)の高電圧ケーブルでは接続されません。一体型は高電圧ケーブルのないことが特徴です。正しくは低電圧ケーブルとなります。

工業用の携帯式（一体型）エックス線装置は，JISに規定がありますように，エックス線管や高電圧発生器を含むエックス線発生器や制御器からなっていて，これらを低電圧ケーブルで接続する形となっています。

正解　(5)

標準問題にチャレンジ！

問題4　　　　　　　　　　　　　　　　　　　　　重要度 !!!

エックス線発生装置の管体に関する次の記述のうち，誤っているものはどれか。

(1) エックス線発生装置における管体のケーシングは，一般にガラスでできているが，近年では耐久性が高いセラミックでできているものも増えている。
(2) ガラスやセラミックを貫通している陰極のリード線などは，ガラスやセラミックと熱膨張係数がほぼ等しいコバール合金でできている。
(3) コバール合金とは，鉄，ニッケル，および，コバルトの合金であり，その中でコバルトの含有率が最も高い。
(4) 管体から外側に放射する放射口には，エックス線の減弱が少なくなるように，一般にステンレスの薄い窓が設定される。
(5) 管体の内部は電子の運動の障害にならないように，10^{-6}Torr以上の高真空に保たれている。

解説

(1) 正しい記述です。エックス線発生装置における管体のケーシングは，一般にガラスでできていますが，近年では耐久性が高いセラミックでできているものも増えています。
(2) これも正しい記述です。ガラスやセラミックを貫通している陰極のリード線などは，ガラスやセラミックと熱膨張係数がほぼ等しいコバール合金でできています。
(3) やはり正しい記述です。Fe29%，Ni17%，Co54%という比率となっています。
(4) 管体から外側に放射する放射口には，エックス線の減弱が少なくなるように，ベリリウムあるいは雲母の薄い窓が設けられています。
(5) 記述のとおりです。高真空に保つ理由は，電子の運動の障害にならないようにということに加えて，両極が酸化されないようにという点もあります。

正解　(4)

問題5 重要度 !!!

エックス線管に関する次の記述のうち，正しいものを選べ。

(1) エックス線管のフィラメント端子間の電圧は約100 Vである。
(2) フィラメント加熱用の変圧器は，降圧変圧器となっている。
(3) エックス線管の内部には，一般に不活性ガスが封入されている。
(4) 陽極におけるターゲット上の，加速された電子の衝突する場所からエックス線が発生するが，この部分を実効焦点と呼んでいる。
(5) 実効焦点の大きさは，管電流や管電圧を変化させても，変わらない。

解 説

(1) エックス線管のフィラメント端子間の電圧は約10 Vとなっています。
(2) これは記述のとおりです。通常200 Vの電源電圧を約10 Vに降圧します。
(3) エックス線管の内部は，基本的に分子がないほうがよいので，真空にされています。
(4) ターゲット上の，エックス線発生個所は実効焦点ではなくて，実焦点と呼ばれています。実焦点をエックス線管軸の照射口方向から見たところを実効焦点といいます。
(5) 管電流や管電圧を変化させると，実効焦点の大きさは変わります。通常は径として1～4 mm程度ですが，管電圧が大きくなると実効焦点は大きくなり，2～10 mm程度にもなることがあります。

正解 (2)

問題6 重要度 !!!!

陽極側のターゲット金属として用いられる金属として，選定される理由に一番なりにくいもの（優先順位の低いもの）は次のうちどれか。

(1) 融点が高いこと
(2) 加工しやすいこと
(3) 熱伝導率が良いこと
(4) エックス線発生効率が高いこと
(5) 原子番号が比較的大きいこと

解説

　陽極側のターゲット金属としては，融点が高く熱伝導率の良いもの，そして原子番号が比較的大きくてエックス線発生効率の高いものが用いられます。
　タングステンの融点は3,400℃です。タングステンの他には，主にモリブデン（原子番号42，記号Mo），銅（原子番号29，記号Cu），銀（原子番号47，記号Ag），クロム（原子番号24，記号Cr），鉄（原子番号26，記号Fe），コバルト（原子番号27，記号Co）などが利用されますが，タングステン（原子番号74，記号W）では連続エックス線が，その他の金属では特性エックス線が利用される傾向にあります。
　(2)の加工しやすいことは，あるに越したことはありませんが，優先順位からしますと，他のものより低くなります。

正解　(2)

材料というものはいろいろな性質を検討して選定されるものなのですね

発展問題にチャレンジ！

問題7　重要度!!

実効焦点に関する次の文章の下線部において，誤っているものはどれか。

実効焦点の大きさは，エックス線管の管電圧を高くすると(1)大きくなる。定格管電圧の高いエックス線管ほど実効焦点の大きさも(2)大きいのが一般的で，通常は径として(3)10～20 mm 程度である。複焦点のうち，大焦点は(4)透過力を優先する場合に，小焦点は(5)像の鮮鋭度を優先する場合に用いられる。

解説

陽極のターゲットにおいてエックス線の発生する部分が**焦点**あるいは**実焦点**と言われる部分であり，管軸（有効エックス線束中心）に直角な面の線束が**実効焦点**と言われます。

実効焦点の大きさは，径として一般に 1～4 mm 程度です。(3)の 10～20 mm では大きすぎます。特別には 1 mm 以下のものもあり 0.1～1 mm のものをミニフォーカス，それ以下のものをマイクロフォーカスと呼ぶことがあります。近年では，技術が進歩して数 μm のものも出現しているようです。

複焦点は，特殊な焦点を結ぶエックス線管の場合のもので，陰極に大小 2 組のフィラメントを組み込んだものです。制御器のスイッチの切り替えによってどちらかのフィラメントを点灯して焦点の大きさを変化させることができ，大焦点は透過力を，小焦点は像の鮮鋭度を上げて観測したい場合に用いることになります。

正解　(3)

問題8　重要度!

自己整流型エックス線発生装置を図に示すが，図中 W ～ Z の部分の名称として，正しいものの組合せは(1)～(5)のうちどれか。

3 測定装置の原理と構造

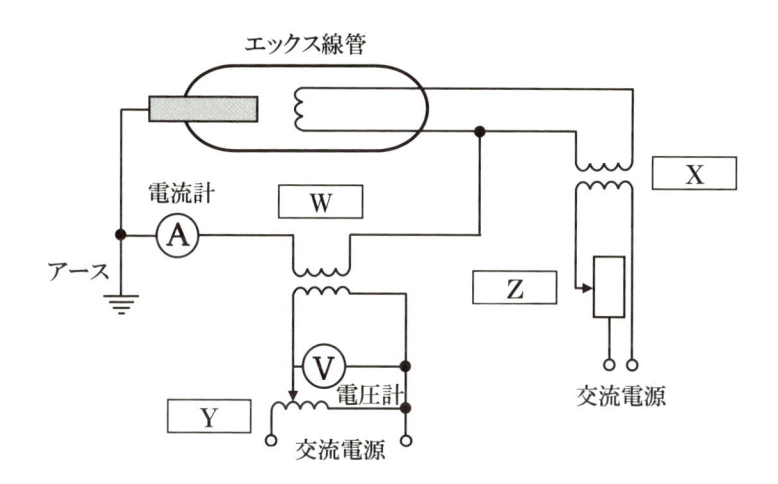

エックス線管
電流計
アース
W
X
Z
Y
電圧計
交流電源
交流電源

① 高電圧変圧器　　　　　　② フィラメント変圧器
③ 管電圧調整用単巻変圧器　　④ フィラメント可変抵抗器

　　　W　X　Y　Z
(1) ①－②－③－④
(2) ①－②－④－③
(3) ④－①－③－②
(4) ③－①－②－④
(5) ②－①－③－④

解説

　どこから考え始めていただいてもよいのですが，ひとつひとつ順番にみていきましょう。

　まず，エックス線管内部のコイル状物がフィラメントですから， X が②のフィラメント変圧器であるとわかります。すると，この電源を作る変圧器として， Z が④のフィラメント可変抵抗器であることになります。

　次に， W は陽極と陰極の電圧を与えるものとなっていますので，①の高電圧変圧器になります。最後に， Y がそのための管電圧調整用単巻変圧器となります。

正解　(1)

4 測定装置の取扱い

重要度A

基礎問題にチャレンジ！

問題1　重要度!!!!

　屋外における厚手の鋼板検査のために，これに垂直にエックス線を照射し，鋼板を透過したエックス線の線量当量率をエックス線管の焦点から3mの位置で細い線束として照射したところ，8 mSv/hであったという。

　このエックス線を12 mmの厚さの鋼板で遮へいしたところ，2 mSv/hとなったとすると，この場所を1.0 mSv/h以下の線量率とするためには，全体として何mmの厚さの鋼板で遮へいすべきか。

　ただし，鋼板を透過した後のエックス線の実効エネルギーは，透過前と変わらないものとし，散乱線等による影響はないものとみなす。

(1)　12 mm
(2)　18 mm
(3)　24 mm
(4)　30 mm
(5)　36 mm

解説

　この問題には，二通りの解き方がありますので，それぞれ示します。

【減弱係数から解く方法】

　いま，入射線量率を I_0，物質の中を x [mm] だけ透過した後の線量率を I，μ をその物質固有の線減弱係数としますと，次のような関係があります。

$$I = I_0 \exp(-\mu \cdot x)$$

　この問題では，遮へいされていない状態の8 mSv/hが入射線量率 I_0 に当たり，12 mmの厚さの鋼板で遮へいされた2 mSv/hが透過した後の線量率 I になりますので，次のようになります。

$$2 = 8\exp(-\mu \cdot 12)$$

よって，

$$1 = 4\exp(-\mu \cdot 12)$$

$$4 = \exp(\mu \cdot 12)$$

両辺の自然対数をとれば，$\log\{\exp(x)\} = x$ という関係を使って，

$$\log 4 = 12\mu$$

$\log 4 = \log 2^2 = 2\log 2$ なので，

$$\log 2 = 6\mu \quad \cdots\cdots\cdots\cdots\cdots\cdots\text{①}$$

一方，目的とする線量率が 1.0mSv/h 以下ということなので，それを実現する鋼板の厚さを x として，

$$1 = 8\exp(-\mu \cdot x)$$

となるような x を求める必要があります。

$$8 = \exp(\mu \cdot x)$$

両辺の自然対数をとって，

$$\log 8 = \mu \cdot x$$

$\log 8 = \log 2^3 = 3\log 2$ なので，

$$3\log 2 = \mu \cdot x \quad \cdots\cdots\cdots\cdots\cdots\cdots\text{②}$$

②式のそれぞれの辺を①式のそれぞれの辺で割って，

$$\frac{3\log 2}{\log 2} = \frac{\mu \cdot x}{6\mu}$$

これより，

$$x = 18\text{mm}$$

【半価層から解く方法】

8 mSv/h の線量率が，12 mm の厚さの鋼板で遮へいしたところ 2 mSv/h

となったということですから，厚さ 12 mm で 1/4 に減弱していることになります。

半価層の 2 倍である 1/4 価層が 12 mm ということなので，半価層は 6 mm となります。1/4 価層の 2 倍が半価層であることは，（1/4 × 2 = 1/2 という単純な計算からではなく）次のようにしてわかります。減弱係数を μ としますと，$1/n$ 価層 $= \log n / \mu$ という公式より，

$$1/4 \text{価層} = \log 4 / \mu = \log 2^2 / \mu = 2\log 2 / \mu = 2 \times \text{半価層}$$

この問題では，12 mm の厚さの鋼板で遮へいした 2 mSv/h をさらに 1.0 mSv/h 以下の線量率とするということですから，さらに 1/2 にするべきことになります。ですから，さらに半価層の 6 mm が必要となり，全体で 12 mm + 6 mm = 18 mm が必要となります。

正解　(2)

問題2　重要度 !!!

エックス線管の焦点から 2 m の位置において 1 cm 線量当量率が 30 mSv/h であるエックス線装置により，細い線束としたビームで厚さ 5 mm の鋼板に照射したところ，透過したエックス線の 1 cm 線量当量率がエックス線管の焦点から 2 m の位置において 0.6 mSv/h となった。

同じ照射条件にて，厚さ 10 mm の鋼板に照射するとき，エックス線管の焦点から 2 m の位置における透過後の 1 cm 線量当量率はいくらになるか。

ただし，鋼板を透過したエックス線の実効エネルギーは，透過前と変わらないものとし，散乱線による影響もないものとする。

(1)　10 μSv/h
(2)　12 μSv/h
(3)　16 μSv/h
(4)　20 μSv/h
(5)　24 μSv/h

解説

いま，入射線量率を I_0，物質の中を x [mm] だけ透過した後の線量率を I，μ をその物質固有の線減弱係数としますと，次のような関係があります。

$$I = I_0 \exp(-\mu \cdot x)$$

エックス線管の焦点から 2 m の位置において 1 cm 線量当量率が 60 mSv/h であるということですので，この 1 cm 線量当量率が入射線量率の I_0 ということになります。したがって，厚さ 5 mm の鋼板を透過したエックス線の線量率 0.6 mSv/h は次のようになります。

$$0.6 \text{ mSv/h} = 30 \text{ mSv/h} \times \exp(-\mu \times 5)$$

これを整理しますと，

$$1 = 50\exp(-5\mu)$$
$$\exp(-5\mu) = 1/50 \quad \cdots\cdots\cdots\cdots\cdots ①$$

また，厚さ 10 mm の鋼板を透過したエックス線の線量率 I については，

$$I = 60 \times \exp(-\mu \cdot 10)$$

となります。これを変形して，

$$I = 60 \times \{\exp(-\mu \cdot 5)\}^2 \quad \cdots\cdots\cdots\cdots\cdots ②$$

ここでは，次のような指数の関係を用いています。

$$\exp(2x) = e^{2x} = e^{x+x} = e^x \times e^x = (e^x)^2$$

結局，①式を②式に代入して，

$$I = 60 \times (1/50)^2 = 60 \div 2500 \text{ mSv/h} = (60 \times 4) \div (2500 \times 4) \text{ mSv/h}$$
$$= 240 \times 10^{-4} = 24 \times 10^{-3} \text{ mSv/h} = 24 \mu\text{Sv/h}$$

正解　(5)

問題3　重要度!!!!

エックス線装置において，エックス線が照射される金属板に当たった際の散乱線に関する次の記述のうち，正しいものはどれか。

(1) エックス線は，そのエネルギーが高くなるにつれて，前方より後方に散乱されやすい。
(2) 前方散乱線の空気カーマ率は，散乱角が大きくなるにつれて，増加する。

(3) 後方散乱線の空気カーマ率は，散乱角が大きくなるにつれて，減少する。
(4) 照射される鋼板の厚さが厚くなると，後方散乱線の空気カーマ率はあるレベルまでは増加するが，その後はほぼ一定の水準にとどまる。
(5) 後方散乱線の空気カーマ率の散乱角依存性は，金属板の種類によってあまり変わらない。

解　説

　エックス線装置からは目的の照射エックス線以外にも，漏えいエックス線が生じます。また，エックス線装置からのエックス線ビームを鋼板などに照射しますと，図のように透過エックス線の他に，散乱線が生じます。
　エックス線ビームの進行方向からの散乱線のなす角度を散乱角といいますが，散乱線のうち散乱角が 90°未満のものを前方散乱線，90°以上のものを後方散乱線と呼んでいます。

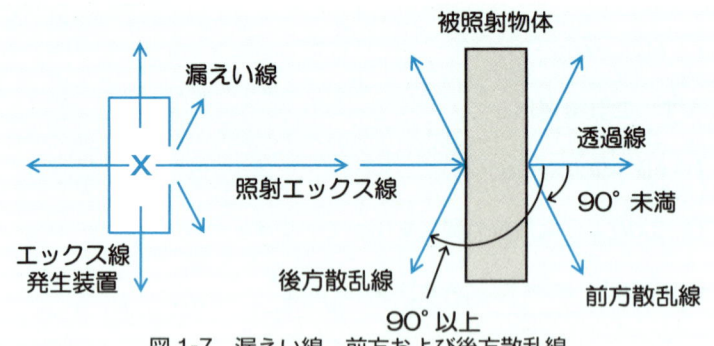

図 1-7　漏えい線，前方および後方散乱線

|前方散乱線|

　前方散乱線による空気カーマ率の散乱角依存性は図 1-8 のようになり，散乱角が大きくなりますと空気カーマ率は急激に減少します。

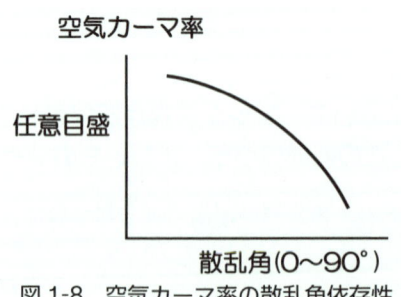

図 1-8　空気カーマ率の散乱角依存性

また，その空気カーマ率は，管電圧や散乱物質の厚さにも依存します。管電圧の増加により急激に増大し，散乱物質の厚さの増加によって急激に減少します。

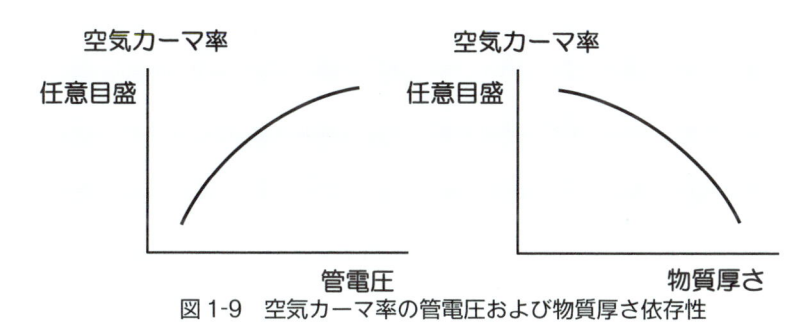

図 1-9　空気カーマ率の管電圧および物質厚さ依存性

後方散乱線

後方散乱線の散乱角依存性は図 1-10 のようになり，ほぼ比例して増加します。

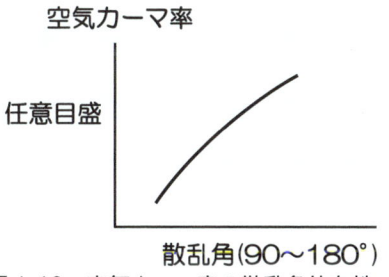

図 1-10　空気カーマ率の散乱角依存性

その空気カーマ率は，管電圧の増加による場合は急激に増大しますが，散乱物質の厚さの増加による場合には数 mm 程度までは増加しますが，その後はほぼ一定となります。

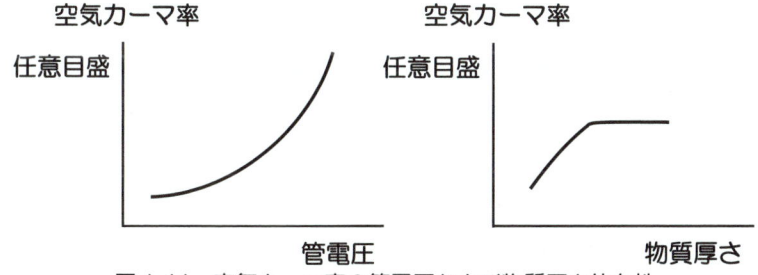

図 1-11　空気カーマ率の管電圧および物質厚さ依存性

また，物質の種類によっても散乱角依存性の傾向が異なりますので，その例を図に示します。

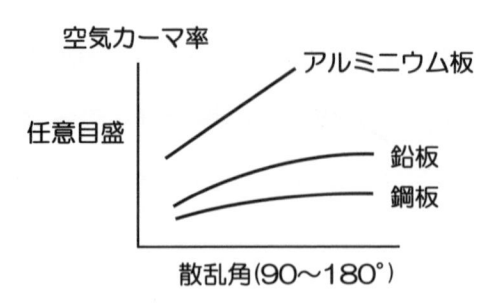

図1-12 散乱体の種類による空気カーマ率の散乱角依存性

(1) エックス線は，そのエネルギーが高くなるにつれて，前方より後方に散乱されやすいとは限りません。
(2) 前方散乱線の空気カーマ率は，散乱角が大きくなるにつれて，減少します。
(3) 後方散乱線の空気カーマ率は，散乱角が大きくなるにつれて，増加します。
(4) これは，記述のとおりです。照射される鋼板の厚さが厚くなりますと，後方散乱線の空気カーマ率はあるレベルまでは増加しますが，その後はほぼ一定の水準にとどまります。
(5) 後方散乱線の空気カーマ率の散乱角依存性は，金属板の種類によってかなり変化します。

正解 (4)

標準問題にチャレンジ！

問題 4　　　　　　　　　　　　　　　　　重要度 !!!

エックス線撮影装置の焦点から 5 m 離れている地点での線量率が 3.6 mSv/h であったとする。この装置の焦点から 10 m の地点における 1 週間当たりの線量を 0.1 mSv 以下にするために，1 枚の撮影露出時間が 100 秒であるならば，1 週間の撮影枚数は何枚まで許されるか。
次のうちから適切なものを選べ。

(1)　4 枚
(2)　6 枚
(3)　8 枚
(4)　10 枚
(5)　12 枚

解説

順次計算していきます。まず 5 m の地点において 1 枚撮影する時の線量当量は次の式で表されます。

$$3.6 \text{ mSv/h} \times 100 \text{ s/枚} \div 60 \text{ m/h} \div 60 \text{ s/m} = 0.10 \text{ mSv} = 100 \text{ μSv/枚}$$

これをもとに 10 m の地点での 1 枚撮影する時の線量当量は逆 2 乗則を用いれば，

$$100 \text{ μSv/枚} \times (5/10)^2 = 25 \text{ μSv/枚}$$

したがって，0.1 mSv/週 = 100 μSv/週 に抑えるためには，撮影枚数を x 枚としますと，

$$x = \frac{100 \text{ μSv/週}}{25 \text{ μSv/枚}} = 4 \text{ 枚/週}$$

ここでは割り切れた結果となりましたが，もし計算結果が整数にならず，端数が出た場合には，この種の問題では切り捨てになります。切り上げをしたり，四捨五入によって切り上げになったりした場合は，0.1 mSv/週以下という制限に合致しないことがありえますので注意が必要です。端数の出た数値は（割り切れた場合もそうですが）ぎりぎりの数値ですから，切り上げにしますと制限を超えることになって問題の要求から外れることになりかねません。

正解　(1)

問題5　重要度 !!

エックス線に関する管理区域設定のための外部放射線測定に関する次の記述のうち，誤っているものはどれか。

(1) 外部放射線の測定点は，壁などの構造物によって区切られた領域の中央部付近の作業床面上1mの位置の数箇所とする。
(2) 放射線測定器は，国家標準とのトレーサビリティが明確になっている基準測定器によって校正されるか，あるいは数量が証明されている線源を用いて校正されてから1年以内のものを用いる。
(3) あらかじめ計算によって求めておいた1cm線量当量率の低い箇所から高い箇所への順に測定していく。
(4) 放射線測定器として，フィルムバッジ等の積算型放射線測定器を用いることは許されていない。
(5) 実際の測定に先立ってバックグラウンド値を調査しておき，これを測定値から差し引いて補正した値を測定結果とする。

解　説

管理区域内での線量測定について説明します。

管理区域はいくつかの制限があり，**1cm線量当量**などを測定することとされています。1cm線量当量（H_{1cm}）とは，実効線量および眼と皮膚以外の臓器および組織に対する等価線量のことをいいます。人の軟（筋肉）組織に等価な物質で作られた直径30cmの球（ICRU球）に，平行かつ一様に入射する放射線を照射したときに，その球の表面から1cmの深さにおける線量として定義されています。

以下，その規定から抜粋して示します。

① 放射線測定器の選定

　イ）1cm線量当量または1cm線量当量率が測定できること
　ロ）測定中にゼロ点のずれがないもの，および，指針のシフトが少ないもの
　ハ）放射線測定器は，国家標準とのトレーサビリティが明確になっている基準測定器または数量が証明されている線源で校正されること。トレーサビリティとは，「追跡可能」ということで，標準の測定器との測定値の誤差が一定値以下であることが保証されるための制度のことです。

② 測定箇所
　イ）作業者が立ち入る区域であって，遮へいの薄い箇所または1cm線量当量等が最大になると予測される箇所
　ロ）壁などの構造物によって区切られる境界の近辺の箇所
　ハ）1cm線量当量等が，位置により変化が大きいと予測される場合には，測定点を密にとります。
　ニ）測定点の高さは，作業床面の上約1mにとります。

③ 測定前の措置
　イ）放射線測定器が正常に使用できるかを点検します。
　ロ）バックグラウンド値を調査しておきます。測定結果は，バックグラウンド値を差し引いた値とします。
　ハ）測定は，測定内容や測定方法を熟知した者が行います。

④ 測定にあたっての留意事項
　測定は，1cm線量当量等の低い箇所から順次高い箇所へ移行しつつ行います。

⑤ 測定方法および1cm線量当量の算定
　イ）照射中の1cm線量当量率を測定し，これに照射時間をかけて1回当たりの1cm線量当量を求め，照射回数をかけて算出します。
　ロ）測定には，サーベイメータ（作業環境などの空間を測定します）または個人線量計（管理区域に立ち入る個人の被ばく線量を測定します）を用います。

(4)について，フィルムバッジ等の積算型放射線測定器の使用は許されています。

正解　(4)

問題6　重要度!!

あるエックス線装置において，管電圧 400 kV，管電流 10 mA という条件で，エックス線のビームを厚さ 10 mm の鋼板に照射した。

この場合，鋼板の照射中心から 2 m の位置において，散乱線の空気カーマ率を散乱角ごとに測定したところ，次のような結果を得たという。

測定位置	散乱角	空気カーマ率
1	30°	A [mSv/min]
2	60°	B [mSv/min]
3	120°	C [mSv/min]
4	150°	D [mSv/min]

この表の，AとB，CとDの大きさを比較したものとして，正しいもの組合せは(1)～(5)のうちどれか。

(1)　A＞B，C＞D
(2)　A＞B，C＜D
(3)　A＜B，C＞D
(4)　A＜B，C＜D
(5)　A＞B，C＝D

解説

散乱角と散乱線の強度の関係につきましては，問題3の解説で述べたとおりです。そこで示したグラフからAとB，CとDの大きさを判定することができます。前方散乱線と後方散乱線で傾向が異なることに留意しましょう。前方散乱線では，散乱角とともに減少し，後方散乱線では散乱角とともに増加しますので，結局(2)が正解となります。

正解　(2)

発展問題にチャレンジ！

問題7　重要度!!!

エックス線を利用するさまざまな測定装置に関する次の記述のうち，正しいものはどれか。

(1) エックス線回折装置とは，結晶性の試料を対象として，試料に電子線を照射し，その結果発生する特性エックス線を解析するものである。
(2) 蛍光エックス線分析装置は，試料に蛍光エックス線を照射して生じた連続エックス線を分光して試料の定性と定量とを行う装置である。
(3) エックス線マイクロアナライザーとは，固体試料を分析するためのもので，試料を真空中に置いて電子線を照射し，試料中に含まれる元素から放射される特性エックス線を分光して元素を同定し定量する装置である。
(4) エックス線厚さ計とは，物体の厚さが増すにつれて，後方散乱線が減少する性質を利用して試料の厚さを測定する装置である。
(5) エックス線応力測定装置とは，試料に連続エックス線を照射した際に発生する特性エックス線を分光して，試料にかかる応力を測定する装置である。

解説

(1) エックス線回折装置とは，結晶性の試料を対象としますが，試料にエックス線を照射し，その回折像から結晶構造などを調べる装置です。
(2) 記述の照射線と観測線は逆になっています。蛍光エックス線分析装置は，試料に連続エックス線を照射して試料が発する特性エックス線（蛍光エックス線）を解析して元素分析を行います。
(3) これは記述のとおりです。エックス線マイクロアナライザーとは，固体試料を分析するためのもので，試料を真空中に置いて電子線を照射し，試料中に含まれる元素から放射される特性エックス線を分光して元素を同定し定量する装置です。
(4) エックス線厚さ計には，透過エックス線の線量率変化を観測するものと，後方散乱線を利用するものとがあります。透過エックス線の線量率変化を観測する装置では，物体の厚さが増加するにつれて透過エックス線の線量率が減少することを利用しますし，後方散乱線を利用する装置では，物体の厚さが増すにつれて後方散乱線の線量率が増加していくことを利用しています。

物体の厚さが増すと透過しにくくなって後方に散乱しやすくなるのですね。
(5) エックス線応力測定装置は，試料にエックス線を照射し，物質中に残っている応力によって結晶格子面の面間隔にひずみが出ている程度を回折角の変化で測定する装置です。

正解　(3)

問題8　重要度！

あるエックス線装置のエックス線管の焦点から1m離れた位置での1cm線量当量率が4 mSv/minであった。この装置からの細い線束により厚さ20mmの鋼板と厚さ100mmのアルミニウム板にそれぞれ別々に照射したところ，これらを透過したエックス線の1cm線量当量率がいずれも0.4 mSv/minとなった。

同じ照射条件により，厚さ40mmの鋼板と厚さ100mmのアルミニウム板を重ねて90mmとした板に照射すると，エックス線管の焦点から1m離れた位置における透過後の1cm線量当量率はいくらになるか。

ただし，鋼板とアルミニウム板を透過した後のエックス線の実効エネルギーは透過前と変わらないものとし，散乱線等による影響はないものとみなす。

(1)　1 μSv/min
(2)　2 μSv/min
(3)　3 μSv/min
(4)　4 μSv/min
(5)　5 μSv/min

解説

いま，入射線量率を I_0，物質の中を x [mm] だけ透過した後の線量率を I，μ をその物質固有の線減弱係数としますと，次のような関係になります。

$$I = I_0 \exp(-\mu \cdot x)$$

この問題では，同じ線量率のエックス線が照射されていますので，鋼板の添え字を1，アルミニウムの添え字を2として表しますと，次のようになります。

$$I_1 = I_0 \exp(-\mu_1 \cdot x_1)$$

$$I_2 = I_0 \exp(-\mu_2 \cdot x_2)$$

厚さ 20 mm の鋼板と厚さ 100 mm のアルミニウム板を透過した後の 1 cm 線量当量率が等しいということなので，次のように等置できます．

$$I_0 \exp(-\mu_1 \cdot 20) = I_0 \exp(-\mu_2 \cdot 100)$$

この式から，次の関係が導かれます．

$$\mu_1 = 5\mu_2$$

また，

$$0.4 \text{ mSv/min} = I_1 = I_2 = 4 \exp(-\mu_1 \cdot 20) \quad \cdots\cdots\cdots ①$$

となりますから，

$$0.1 = \exp(-\mu_1 \cdot 20) \quad \cdots\cdots\cdots\cdots\cdots\cdots\cdots ②$$

次に同じ条件で鋼板（$x_1 = 40$ mm）とアルミニウム板（$x_2 = 100$ mm）を複合した板に対して照射した場合の計算をしますと，その場合の 1 cm 線量当量率 I は次のようになります．

$$\begin{aligned}
I &= I_0 \exp(-\mu_1 \cdot x_1) \times \exp(-\mu_2 \cdot x_2) \\
&= I_0 \exp\{(-\mu_1 \cdot x_1) + (-\mu_2 \cdot x_2)\} \\
&= I_0 \exp\{(-\mu_1 \cdot 40) + (-\mu_2 \cdot 100)\} \\
&= I_0 \exp\{(-\mu_1 \cdot 40) + (-\mu_1 \cdot 100/5)\} \quad \text{（①式を利用）} \\
&= I_0 \exp\{(-\mu_1 \cdot 40) + (-\mu_1 \cdot 20)\} \\
&= I_0 \exp(-\mu_1 \cdot 60) \\
&= I_0 \{\exp(-\mu_1 \cdot 20)\}^3
\end{aligned}$$

ここで $I_0 = 4$ と②式を利用して，

$$I = 4 \times (0.1)^3 = 0.004 \text{ mSv/min} = 4 \text{ μSv/min}$$

正解　(4)

第2章

エックス線の測定

エックス線は
いったいどんな機器で
測定するんでしょう

1 エックス線測定における量と単位

重要度A

基礎問題にチャレンジ！

問題1　重要度!!!

次に示す用語とその単位の関係について，誤っているものはどれか。

(1) 線減弱係数 ……… cm^{-1}
(2) 質量減弱係数 …… cm/g
(3) 吸収線量 ………… J/kg
(4) カーマ …………… J/kg
(5) 実効線量 ………… J/kg

解説

(1) 線減弱係数は，減弱前の放射線強度 I_0 が減弱して I になった時の関係式

$$I = I_0 \exp(-\mu x)$$

における μ によって表現されます。ここで，x は距離を示す変数ですので，たとえばcmとなります。一般に指数関数expや対数関数logの引数（カッコ内の変数）は無次元（単位のない量）になりますので，μx が無次元，すなわち，μ は cm^{-1} という単位となります。

(2) また，質量減弱係数は，質量減衰係数とも呼ばれ，線減弱係数を密度で割ったものとして定義されますので，その単位は次のようになります。

$$cm^{-1} \div g/cm^3 = cm^2/g$$

つまり，(2)が誤りとなります。

(3) 吸収線量は通常Gy（グレイ）という単位が用いられますが，それは単位質量当たりの吸収放射線エネルギーですので，SI単位で表現しますと，J/kgということになります。（SI基本単位ということで言えばJをさらに分解して $kg \cdot m^2 \cdot s^{-2}/kg = m^2 \cdot s^{-2}$ になります。）

(4) カーマとは，非電荷放射線における吸収線量のことですので，やはりGy，すなわち，J/kgということになります。

(5) 実効線量は次に示しますように，吸収線量を放射線荷重係数（放射線加重

係数）で等価線量に換算し，さらにそれを組織荷重係数（組織加重係数）で換算したものです。それらの関係を下にまとめてみます。等価線量も実効線量も，単位としてはSv（シーベルト）が用いられますが，SI単位では，やはりJ/kgとなります。

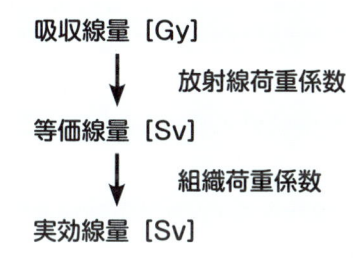

$$\text{吸収線量 [Gy]} \xrightarrow{\text{放射線荷重係数}} \text{等価線量 [Sv]} \xrightarrow{\text{組織荷重係数}} \text{実効線量 [Sv]}$$

正解　(2)

問題2　重要度!!!

放射線関係の物理量の単位をSI基本単位で表したものとして，次のうち誤っているものはどれか。

	物理量の種類	固有名称	記号	SI単位表示
(1)	放射能	ベクレル	Bq	$kg \cdot s^{-1}$
(2)	吸収線量	グレイ	Gy	$m^2 \cdot s^{-2}$
(3)	線量当量	シーベルト	Sv	$m^2 \cdot s^{-2}$
(4)	エネルギー，仕事	ジュール	J	$m^2 \cdot kg \cdot s^{-2}$
(5)	効率，放射束	ワット	W	$m^2 \cdot kg \cdot s^{-3}$

解説

(1)のベクレルや(3)のシーベルトは，福島原発の事故のあと急に有名になった単位ですね。ベクレルは，1秒間に（質量当たりではなしに）1個の原子が放射性壊変することをいう単位ですので，質量のkgは入り込まず，正しくは単にs^{-1}となります。

(2)のGyや(3)のSvはJ/kgではないか，と思われるかもしれませんが，そしてそれは（SI単位としては）そのとおりですが，Jは「SI基本単位」ではありません。エネルギーなどの単位であるJをSI基本単位で表しますと，(4)のように$m^2 \cdot kg \cdot s^{-2}$となりますので，これをkgで割りますと，$m^2 \cdot s^{-2}$となります。

正解　(1)

問題3　重要度 !!!!

1Vの電位を持つ位置に1Cの電荷が置かれた場合の位置エネルギーが1Jになるという。これに対し，1Vの電位を持つ位置に電気素量(1.6×10^{-19}C)を有する電子が置かれた場合の位置エネルギーを1eVとするならば，1eVはJで表すと次のうちどれになるか。

(1)　1.60×10^{-12} J
(2)　3.20×10^{-12} J
(3)　1.60×10^{-19} J
(4)　3.20×10^{-19} J
(5)　1.60×10^{-26} J

解説

1Vの電位を持つ位置に1Cの電荷が置かれた場合の位置エネルギーが1Jとなるということに対して，1Cの電荷の代わりに1.6×10^{-19}Cの電荷が置かれた場合になりますので，そのまま1.6×10^{-19}Jとなります。

電子のレベルでのエネルギーは小さいので，Jよりも，eVやMeVが多く用いられます。

$$1\,\text{eV}（エレクトロンボルト）= 1.60 \times 10^{-12}\,\text{erg}$$
$$= 1.60 \times 10^{-19}\,\text{J}$$
$$1\,\text{MeV}（メガエレクトロンボルト）= 10^6\,\text{eV} = 1.60 \times 10^{-6}\,\text{erg}$$
$$= 1.60 \times 10^{-13}\,\text{J}$$

正解　(3)

標準問題にチャレンジ！

問題 4　重要度 !!!

エックス線に関する次の文章において，誤っている下線部はどれか。

非荷電粒子線であるエックス線，ガンマ線，中性子線などは，(1)<u>間接電離放射線</u>と呼ばれる。このビームが単位質量の物質に照射された場合に，(2)<u>電離作用</u>によってその物質の単位量の内部に作られる二次荷電粒子の初期運動エネルギーの総量を(3)<u>カーマ</u>と定義する。

一般に(3)<u>カーマ</u>はその物質名をつけて表現され，空気中である場合には(4)<u>空気カーマ</u>と呼ばれる。(3)<u>カーマ</u>は物理量であって，そのSI単位はJ/kgであるが，固有名称を持つ単位として(5)<u>Sv</u>が用いられる。

解説

(5)はSvではなくて，Gy（グレイ）です。その他の部分は正しいものとなっています。

非荷電粒子線であるエックス線，ガンマ線，中性子線などは，間接電離放射線と呼ばれます。このビームが単位質量の物質に照射された場合に，電離作用によってその物質の単位量の内部に作られる二次荷電粒子の初期運動エネルギーの総量をカーマと定義します。

一般にカーマはその物質名をつけて表現され，空気中である場合には空気カーマと呼ばれます。カーマは物理量であって，そのSI単位はJ/kgですが，固有名称を持つ単位としてGyが用いられます。

正解　(5)

問題 5　重要度 !!!

放射線に関連する量とその単位についての次の記述のうち，誤っているものはどれか。

(1) 吸収線量の単位としてはGyが用いられるが，1 Gyは物質1 g中に吸収されるエネルギーが1 Jであるときの吸収線量として定義される。

(2) 実効線量は，人体のそれぞれの組織が受けた等価線量に，それぞれの組織

ごとに相対的な放射線感受性を表す組織荷重係数をかけて，これらを合計したものとして求められ，その単位は Sv である。
(3) 外部被ばくによる実効線量は，70 μm 線量当量によって算定される。
(4) 等価線量は，人体の特定の組織や臓器が受けた吸収線量に，放射線の線質に応じて定められた放射線荷重係数をかけたものであって，その単位は Sv である。
(5) 眼の水晶体の等価線量は，放射線の種類やエネルギーの種類に応じて，1 cm 線量当量か 70 μm 線量当量のうちの，いずれか適切なものによって算定される。

解　説

放射線防護を目的に防護量として等価線量と実効線量とが規定されています。

a） 等価線量

白内障や皮膚障害のような障害は，発症にしきい値（刺激があるレベルに達した時に初めて発症する性質）を持っています。

これらのような障害に対する確定的影響を評価するために**等価線量**が定められており，放射線の種類やエネルギーにかかわる放射線荷重係数によって重み付けられた臓器や生体組織当たりの吸収線量として定義されています。

放射線荷重係数は，次のような数値となっています。

表2-1　各種放射線の放射線荷重係数

放射線の種類	放射線荷重係数
エックス線，ガンマ線，電子線	1
陽子線	2（最近 5 から改訂）
中性子線	エネルギーに応じて 5～20
α線（ヘリウム原子核）	20

エックス線の放射線荷重係数を U_X とし，ある臓器・生体組織 T の平均吸収線量を D_T としますと，その臓器・組織の等価線量 H_T は次のように定義されます。

$$H_T = U_X \cdot D_T$$

ただし，上の表のように $U_X = 1$ ですので，吸収線量と等価線量とはエックス線の場合には等しくなります。その単位は Sv が用いられます。

b) 実効線量

実効線量とは，遺伝的影響や発がんなどのようなしきい値を持たない確率的影響を評価するためのものです。すべての身体部位が同じ被ばく（一様な被ばく）をすることにはなりませんので，臓器や生体組織の相対的な放射線感受性を表す組織荷重係数で身体すべての臓器・生体組織にわたり重み付けされた等価線量として定義されます。

臓器・生体組織Tの等価線量をH_Tとし，臓器・生体組織の組織荷重係数をW_Tとしますと，実効線量H_Eは次のように与えられます。

$$H_E = \sum_T W_T \cdot H_T$$

単位はやはりSvです。組織荷重係数は，13の部位について定義されています。その一部を表に示します。

表2-2 組織荷重係数の例

臓器・生体組織	組織荷重係数
生殖腺	0.08
肺	0.12
皮膚	0.01
⋮	⋮
合計	1.00

c) 実用量

等価線量や実効線量は，人体内部での線量として定義されていますので，実測が困難です。そこで，計測可能な量を**実用量**と呼んで，**線量当量**という量が定義されています。

外部被ばくの部位によって，1 cm 線量当量や 70 μm 線量当量などが規定されています。外部被ばくの場合において，1 cm 線量当量は実効線量の評価および皮膚の等価線量の評価に，70 μm 線量当量は皮膚以外の等価線量の評価に用いられます。

これらは放射線測定器でSvを単位として計測されます。

(1)(2) それぞれ正しい記述です。
(3) これは誤りです。外部被ばくの場合において，1 cm 線量当量は実効線量の評価および皮膚の等価線量の評価に，70 μm 線量当量は皮膚以外の等価線量の評価に用いられます。
(4)(5) これらは正しい記述です。

正解 (3)

問題6　　　　　　　　　　　　　　　　　　重要度 !

エックス線測定に関する次の文章の下線部の中で誤っているものはどれか。

　1 cm 線量当量や70 μm 線量当量などの測定は必ずしも容易ではないので，エックス線やガンマ線については，自由空間での測定場所における空気カーマ[Gy]，すなわち，空気の吸収線量を測定し，これに 1 cm および 70 μm 線量当量に対応する変換係数(1) $f(10)$ と (2) $f(0.07)$ (3) [Gy·Sv^{-1}] を掛けてそれぞれの線量当量を算出している。

　空気カーマは，(4) 放射線サーベイメータと (5) 個人線量計から求められ，作業場所の線量評価では，その場所にかかわる変換係数が用いられる。この係数は，エックス線のエネルギー分布に依存するが，実際には 1 cm 線量当量（率）などに対する検出器のエネルギー依存性が広いエネルギー範囲において一定となるように工夫された機器を用いて求められている。

解　説

　(3)の変換係数の単位が [Gy·Sv^{-1}] ではおかしいですね。吸収線量を測定してこれを線量当量に変換しようというのですから，掛け算して Gy を Sv に変換するためには，Sv/Gy すなわち [Sv·Gy^{-1}] という単位でなければなりませんね。

　1 cm 線量当量や70 μm 線量当量などの測定は必ずしも容易ではありませんので，エックス線やガンマ線については，自由空間での測定場所における空気カーマ[Gy]，すなわち，空気の吸収線量を測定し，これに 1 cm および 70 μm 線量当量に対応する変換係数 $f(10)$ と $f(0.07)$ [Sv·Gy^{-1}] を掛けてそれぞれの線量当量を算出しています。

　空気カーマは，放射線サーベイメータと個人線量計から求められ，作業場所の線量評価では，その場所にかかわる変換係数が用いられます。この係数は，エックス線のエネルギー分布に依存しますが，実際には 1 cm 線量当量（率）などに対する検出器のエネルギー依存性が広いエネルギー範囲において一定となるように工夫された機器を用いて求められています。

正解　(3)

発展問題にチャレンジ！

問題7　重要度 !!!

放射線などの量の単位に関する次の記述のうち，正しいものはどれか。

(1) Gy はエックス線とガンマ線についてのみ用いられる吸収線量の単位である。
(2) 1 kg の物質に吸収されたエネルギーが 1 kJ であるときの吸収線量が，1 Gy である。
(3) エックス線やガンマ線による空気カーマの単位として用いられる C/kg は，空気に対する電離作用に基づいて定められている。
(4) Sv は，線量当量の単位であって，放射線防護量について用いられる。
(5) 放射線に関する単位としての，Bq，Gy，Sv は用いる対象が異なるが，SI 基本単位で表すといずれも同じものになる。

解説

(1) Gy はエックス線やガンマ線に限らず，放射線一般について用いられる吸収線量の単位です。
(2) 1 kg の物質に吸収されたエネルギーが 1 J であるときの吸収線量が，1 Gy です。kJ・kg^{-1} ではなくて，J・kg^{-1} となっています。
(3) エックス線やガンマ線による空気カーマの単位は C/kg ではなくて，J/kg です。
(4) これは記述のとおりです。Sv は，線量当量の単位であって，放射線防護量について用いられます。
(5) 放射能を表す Bq は，SI 基本単位では s^{-1} となりますが，Gy と Sv は m^2・s^{-1} となって 3 つとも同じにはなりません。

正解　(4)

問題8　重要度 !!!

放射線などの量の単位に関する次の記述のうち，誤っているものはどれか。

(1) カーマとは，エックス線などの間接電離放射線の照射によって単位質量の

物質中に生じた二次荷電粒子の初期運動エネルギーの総和で，その単位は J/kg であるが，特別な単位名称として Gy が用いられる。
(2) 等価線量とは，特定の生体組織が受けた吸収線量に，放射線の種類に応じた定数としての放射線荷重係数をかけたもので，その単位は J/kg であるが，特別な単位名称として Sv が用いられる。
(3) 照射線量とは，あらゆる種類の放射線の照射によって単位質量の物質中に生じた荷電粒子全体の初期運動エネルギーの和であって，単位は J/kg である。
(4) 吸収線量とは，あらゆる種類の放射線の照射によって単位質量の物質に与えられたエネルギーをいい，その単位は J/kg であるが，特別な単位名称として Gy が用いられる。
(5) 実効線量とは，生体組織が受けた等価線量に，組織ごとの相対的な放射線感受性を表す組織荷重係数をかけて合計したもので，その単位は J/kg であるが，特別な単位名称として Sv が用いられる。

解 説

(1)(2) それぞれ正しい記述です。カーマとは，エックス線などの間接電離放射線の照射によって単位質量の物質中に生じた二次荷電粒子の初期運動エネルギーの総和で，その単位は J/kg ですが，特別な単位名称として Gy が用いられています。また，等価線量とは，特定の生体組織が受けた吸収線量に，放射線の種類に応じた定数としての放射線荷重係数をかけたもので，その単位は J/kg ですが，特別な単位名称として Sv が用いられます。
(3) 照射線量とは，単位質量の物質中で，光子（エックス線やガンマ線）によって発生した電子が完全に停止するまでに生じたイオン対の電荷量合計のことです。単位は J/kg ではなくて C/kg です。
(4)(5) これらも記述のとおりです。吸収線量とは，あらゆる種類の放射線の照射によって単位質量の物質に与えられたエネルギーをいい，その単位は J/kg ですが，特別な単位名称として Gy が用いられます。また，実効線量とは，生体組織が受けた等価線量に，組織ごとの相対的な放射線感受性を表す組織荷重係数をかけて合計したもので，その単位は J/kg ですが，これも特別な単位名称として Sv が用いられます。

正解 (3)

> ちょっと一休み

緑が環境の色とされるのはなぜか？

　最近では，緑色が環境の色としてかなり定着しているようです。環境政策を掲げる緑の党がヨーロッパを中心に勢力を伸ばしていますし，日本でもお役所が環境にやさしい物の買い方をすることをグリーン購入と言ったりします。美しい自然の風景は緑を基調としていると考えるからでしょう。

　では，野山の植物はなぜ緑色をしているのでしょう。「それは光合成をする植物の葉緑体のせいだよ」という人が多いのは当然です。そこでさらなる質問ですが，なぜ陸上の植物は光合成をするのに，緑の色（正確には，青紫色と赤色の混合色）を使うのでしょうか。海藻の中には，赤や黄色や橙色の光を使って光合成するものもあるのに，なぜ陸上では緑だけなのでしょう。

　それは，陸上に生物がいなかった時代に，多くの種類の光合成藻類の中でも浅いところにいた緑色の藻類だけが陸に上がり，陸上植物になったからなのだそうです。ではなぜ藻類にそのような色の違いができたのでしょう。それは，太陽の光は海の浅いところでは緑色になりますが，相対的にエネルギーの強い青系統の光は早目に散乱しやすいので，海の深いところに光が進むにつれて，赤や紫の光が残るからだと言えるようです。その結果深いところには赤や橙の藻類が多くなるのです。

　結局，少し色相は変わったとしても，海の表面に当たる太陽の緑色が陸上植物の色に反映されたのですね。

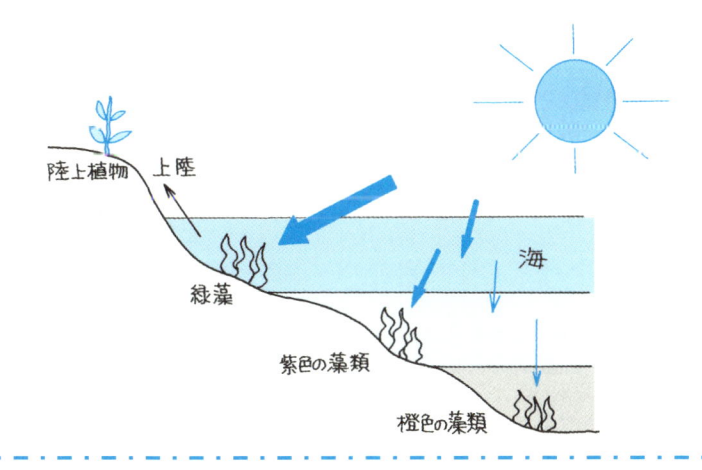

2 検出器の原理と特徴

重要度A

基礎問題にチャレンジ！

問題1

重要度!!!

次に示す放射線検出器と，それに関係の深い事項との組合せとして，正しいものはどれか。

(1) 比例計数管 ………………… 窒息現象
(2) GM計数管 …………………… 飽和領域
(3) 半導体検出器 ………………… 空乏層
(4) シンチレーション検出器 ……… 電子－正孔対
(5) 化学線量計 …………………… 放射化現象

解説

(1) 窒息現象は，比例計数管ではなくて，GM計数管において入射強度が高くなって計数できなくなる現象をいいます。
(2) 飽和領域は，気体検出器において，初期の電子－イオン対のすべてが電極に集められる現象で，電離箱領域のことをいいます。
(3) 正しい組合せです。空乏層は，半導体検出器における事象です。
(4) 電子－正孔対は，半導体中で放射線によって発生し，半導体検出器において利用されるものです。
(5) 放射化現象は，安定な原子核が他の高エネルギー粒子等との衝突などで核反応を起こし，放射性核種に転換する現象をいいますが，化学線量計と直接の関係はありません。化学線量計で利用されているのは，化学反応になります。

正解　(3)

問題2

重要度!!!

写真作用に関する次の記述のうち，誤っているものはどれか。

(1) 写真を感光させる作用を写真作用あるいは黒化作用といっている。

(2) 写真乳剤が塗られたフィルムに可視光やエックス線が当たると，乳剤中に潜像が形成される。
(3) 乳剤には，臭化水銀などのハロゲン化水銀が含まれている。
(4) 乳剤に含まれるハロゲン化金属の結晶粒が荷電粒子等の通過によってイオン対となり，励起された電子が結晶粒内に金属イオンを金属原子として集めて現像核である潜像をつくる。これを現像すると，黒化金属粒子となって，目に見えるものとなる。
(5) 写真作用を利用してフィルムバッジなどが作られている。

解 説

放射線は化学物質の反応を起こさせる作用を持ちます。これが**化学作用**です。その中でも，写真を感光させる作用を**写真作用**（**黒化作用**）といっています。写真乳剤が塗られたフィルムに可視光やエックス線が当たりますと，乳剤中に潜像が形成されます。すなわち，乳剤に含まれるハロゲン化銀（臭化銀など）の結晶粒が荷電粒子等の通過によってイオン対となり，励起された電子が結晶粒内に銀イオンを銀原子として集めて現像核（潜像）をつくります。これを現像しますと，黒化銀粒子となって，目に見える像が現れますが，これが写真の原理です。被ばく程度に応じて黒化度の異なる像となります。

エックス線が起こす，このような作用をエックス線の写真作用といっています。

写真作用を利用してフィルムバッジなどが作られています。

(1) 記述のとおりです。写真作用も広い意味では化学作用の一部になります。
(2) これも記述のとおりです。写真乳剤が塗られたフィルムに可視光やエックス線が当たると，乳剤中に潜像が形成されます。
(3) 乳剤には，臭化銀などのハロゲン化銀が含まれています。水銀ではありません。誤りです。
(4)(5) 正しい記述です。乳剤に含まれるハロゲン化金属の結晶粒が荷電粒子等の通過によってイオン対となり，励起された電子が結晶粒内に金属イオンを金属原子として集めて現像核である潜像をつくります。これを現像しますと，黒化金属粒子となって，目に見えるものとなります。また，写真作用を利用してフィルムバッジなどが作られています。

正解　(3)

問題3　重要度 !!!

蛍光作用を利用した線量計に関する記述として，正しいものはどれか。

(1) 蛍光物質からの光は微弱なので，これを増幅する必要があるが，一般に光電子倍増管で大きな電気信号に変換される。
(2) 熱蛍光作用とは，熱ルミネッセンス作用ともいわれ，エックス線の照射による電離作用の結果生じた電磁波が結晶中の格子欠陥に捕捉され蓄積され，それを加熱すると，捕捉されていた電磁波が開放されて蛍光を発する現象のことである。
(3) 熱ルミネッセンス作用に基づいた線量計を熱蛍光線量計と呼んで，結晶としては主に有機性結晶が利用される。
(4) 熱蛍光線量計においては，熱ルミネッセンス物質を，ロッド状，ペレット状，シート状に成型した素子として使われ，これをホルダーに収めて線量計とする。
(5) 熱蛍光線量計の素子は，一度使用すると再使用ができない。

解　説

(1) 蛍光物質からの光を増幅する機器は，光電子倍増管とは言わずに，増と倍の文字が入れ替わっているだけですが，光電子増倍管といわれます。
(2) エックス線の照射による電離作用の結果生じるものは電磁波ではなくて，自由電子です。その自由電子が結晶中の格子欠陥に捕捉され蓄積されるのですが，その結晶を加熱すると，捕捉されていた電子が開放されて蛍光を発するのです。
(3) 熱ルミネッセンス作用に基づいた線量計が熱蛍光線量計であることは正しいですが，結晶としては主に有機性結晶ではなくて，硫酸カルシウムやふっ化リチウムなどの無機性結晶が利用されます。
(4) これは正しい記述です。ロッド状は棒状，ペレット状は粒状，シート状は平面状の形状を意味しています。
(5) 熱蛍光線量計の素子は，一度使用しても400〜500℃の熱処理である加熱アニーリングをすることで再利用が可能です。加熱測定によって捕捉されていた電子の開放が一斉に行われますので，一回の測定においては読み取りが一回だけとなっています。

正解　(4)

標準問題にチャレンジ！

問題4　重要度!!!!

気体の電離作用は放射線検出器に利用されているが，電極間の印加電圧の範囲によっていくつかの領域に区分されている。区分領域と関係する事項との組合せとして，誤っているものは次のうちどれか。

	領域名称	関係する事項
(1)	再結合領域	制限比例域
(2)	電離箱領域	飽和域
(3)	比例計数管領域	二次電離
(4)	GM計数管領域	電子なだれ
(5)	連続放電領域	コロナ放電

解説

(1)の制限比例域は，比例計数管領域とGM計数管領域の間の境界域の別名です。再結合領域とは別物です。その他の組合せは正しいものとなっています。

正解　(1)

問題5　重要度!!!

化学作用に関する次の記述のうち，正しいものはどれか。

(1) 化学作用の最終検出は，化学変化による水溶液の色の変化が赤外線吸収の吸光度で測定される。
(2) セリウハ線量計は，次の反応を利用した線量計である。
$$Ce^{4+} + e^- \to Ce^{3+}$$
(3) 鉄線量計は，次の反応を利用した線量計である。
$$Fe^{3+} + e^- \to Fe^{2+}$$
(4) 鉄線量計では，塩酸第一鉄の水溶液が最も多く用いられる。
(5) セリウム線量計では，酢酸セリウムの水溶液がよく用いられる。

解 説

(1) 化学変化による水溶液の色の変化は赤外線吸収の吸光度では測定できません。これは紫外線吸収による測定です。紫外線吸収分光光度計が用いられます。

(2) 正しい記述です。セリウム線量計は，Ce^{4+} が Ce^{3+} になる反応（還元反応）を利用した線量計です。e^- は電子を表しています。プラスイオンの価数が増えるのが酸化，減るのが還元です。

(3) 問題に示された反応式は鉄イオン（第二鉄イオン）を還元して第一鉄イオンにしている反応ですが，鉄線量計はその逆で，第一鉄イオン（Fe^{2+}）を酸化して第二鉄イオン（Fe^{3+}）にする反応を利用しています。

(4) 鉄線量計では，塩酸第一鉄ではなくて，硫酸第一鉄（$FeSO_4$）が最も多く用いられます。

(5) セリウム線量計でよく用いられる水溶液は，硫酸セリウム $Ce(SO_4)_2$ の水溶液です。

正解　(2)

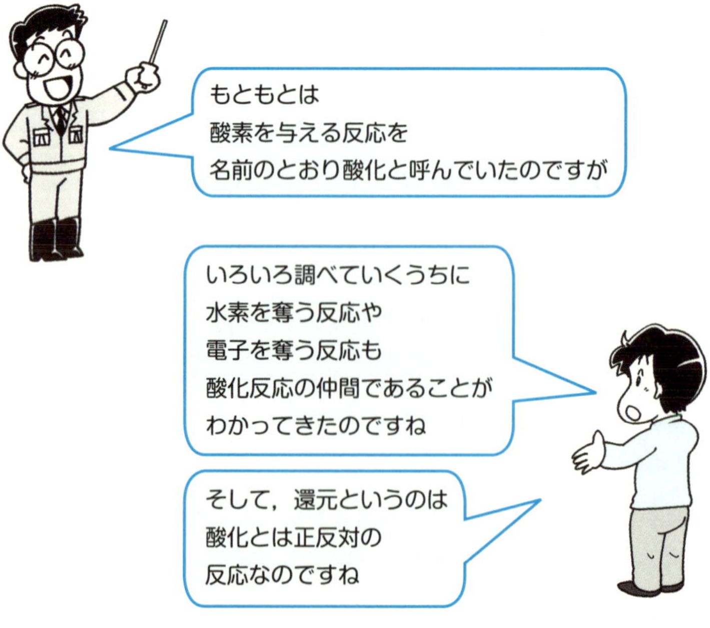

もともとは酸素を与える反応を名前のとおり酸化と呼んでいたのですが

いろいろ調べていくうちに水素を奪う反応や電子を奪う反応も酸化反応の仲間であることがわかってきたのですね

そして，還元というのは酸化とは正反対の反応なのですね

問題6

次のAからJまでの放射線検出器の中で，気体の電離を利用したものの組合せとして，正しいものは(1)～(5)のうちどれか。

A：光刺激ルミネッセンス線量計
B：蛍光ガラス線量計
C：熱ルミネッセンス線量計
D：フィルムバッジ
E：比例計数管
F：GM計数管
G：シンチレーション検出器
H：鉄線量計
I：セリウム線量計
J：半導体検出器

(1) A，B
(2) C，D
(3) E，F
(4) G，H
(5) I，J

解説

この答えは，(3)の比例計数管，および，GM計数管ですね。

その他の検出器は，A～CおよびGが蛍光作用によるもの，Dが写真作用，HおよびIは化学作用，Jは固体の電離作用を利用したものでしたね。

正解　(3)

発展問題にチャレンジ！

問題7　重要度!!

熱ルミネッセンス線量計に関する次の記述のうち，正しいものはどれか。

(1) 加熱温度と熱蛍光強度との関係を示す曲線をプラトー曲線と呼んでいる。
(2) 線量の読み取りに際して，一度読み取りに失敗しても，再び読み取ることができる。
(3) 一度使用した素子は，アニーリングをすることで，再び使用することができるようになる。
(4) 熱ルミネッセンス線量計は，フィルムバッジより最低検出線量が大きく，また，線量の測定範囲が狭い。
(5) 熱ルミネッセンス線量計の素子ごとの性能のばらつきはほとんどない。

解　説

熱蛍光作用（熱ルミネッセンス作用，Thermo-luminescence）について説明します。

一部の物質の結晶では，エックス線の照射による電離作用の結果生じた自由電子（原子核に束縛されていない電子）が結晶中の格子欠陥に捕捉され蓄積されることがあります。そのような結晶を加熱しますと，捕捉されていた電子が開放されてこの段階で蛍光を発します。この現象を**熱蛍光作用**（熱ルミネッセンス作用）といいます。

熱ルミネッセンス量は，吸収した放射線のエネルギーである吸収線量に比例しますので，照射された積算線量を知ることができます。加熱温度と熱ルミネッセンス量との関係曲線を**グロー線**（グローカーブ）と呼んでいます。

熱蛍光作用を行う結晶は熱蛍光物質，熱ルミネッセンス物質などと呼ばれ，ふっ化リチウム（LiF），ふっ化カルシウム（CaF_2），硫酸カルシウム（$CaSO_4$），硫酸ストロンチウム（$SrSO_4$）などがあります。

この原理を用いた熱蛍光線量計（Thermal Luminescence Dosimeter，TLD）は，熱ルミネッセンス物質を，ロッド状（棒状），ペレット状（粒状），シート状（平面状）に成型した素子が使われ，これをホルダーに収めて線量計とします。読み取り装置（リーダ）で積算線量を読み取りますが，**加熱アニー**

リング（400～500℃の熱処理）することで再利用もできます。広いエネルギー範囲の線量を測定でき，また，形も小さく1cm線量当量の測定ができるという長所もあります。ただ，加熱によって捕捉されていた電子の開放が一斉に行われますので，読み取りは一回だけとなっています。しかし，読み取った後の素子は繰り返し使用できます。

(1) 加熱温度と熱蛍光強度との関係を示す曲線はグロー曲線と呼ばれています。
(2) 線量の読み取りに際して，一度読み取りに失敗しますと，データが失われてしまいますので，再び読み取ることはできません。
(3) これは記述のとおりです。一度使用した素子は，アニーリングをすることで，再び使用することができるようになります。
(4) 熱ルミネッセンス線量計は，フィルムバッジよりも測定可能な最低検出線量が小さいです。また，線量の測定範囲もフィルムバッジより広いです。
(5) 素子ごとの感度のばらつきは若干程度あります。

正解　(3)

問題8　重要度!

次に示すAからHまでの放射線検出器において，エネルギー分析に向いているものの組合せとして，正しいものは(1)～(5)のうちどれか。

A：電離箱
B：GM計数管
C：比例計数管
D：シンチレーション検出器
E：鉄線量計
F：セリウム線量計
G：半導体検出器
H：熱ルミネッセンス線量計

(1)　A，B，H
(2)　A，C，F
(3)　B，C，E
(4)　B，D，F
(5)　C，D，G

解説

　エネルギー分析に向いている検出器は，エネルギー分解能が高くて，精度が良くなければなりません。Cの比例計数管は気体増幅されながらも一定電圧では入射放射線に比例して計数ができます。また，Dのシンチレーション検出器も即時発光になり，正確な観測が可能です。さらに，Gの半導体検出器も，正確な検出ができます。したがって，(5)が正解ですね。

正解　(5)

ちょっと一休み

サランラップは愛を包む？

　ある会社の登録商標を持ち出して恐縮ですが，サランラップという言葉を普通名詞のように使う人もいるようですね。ラップは普通名詞ですが，かなり出回っているのでそうなっているのかもしれません。

　ところで，サランラップの名前の由来をご存知でしょうか？
「サランは韓国語で『愛』だから，ラップは『包む』で，『愛を包む』という意味なのでしょう？」という人もいますが，たしかに，ありそうな話にも聞こえますね。

　しかし，その実は，発明されたアメリカの会社で二人の発明者（ラドウィックとアイアンズ）のそれぞれの奥さんの名前がサラとアンだったところから，これを合わせてサランにしたということです。

　まだ用途が明確でない，技術者としては苦しい時期に，気晴らしのため職場の皆さんとご家族でピクニックに出かけた時，余っていた試作品のポリ塩化ビニリデンフィルムにレタスを包んでいったことがきっかけで生まれた商品だったのです。

3 サーベイメータの原理と特徴

重要度B

基礎問題にチャレンジ！

問題1　重要度!!!

シンチレーション検出器に関する次の記述のうち，誤っているものはどれか。

(1) シンチレーション検出器は，感度が良好で，自然放射線レベルの低線量率の放射線も検出可能なので，エックス線装置の遮へい欠陥などを調べるのにも適している。
(2) シンチレータに放射線が入射すると，紫外領域の減衰時間の長い蛍光が放出される。
(3) 得られる出力パルス波高によって，入射する放射線のエネルギーも得られる。
(4) シンチレータに密着させてセットされる光電子増倍管によって，光は光電子に変換され増倍されて，最終的に電流パルスとして出力される。
(5) 光電子増倍管の増倍率は，印加電圧に依存するため，光電子増倍管に印加する高電圧は安定化することが必要である。

解説

シンチレーション式サーベイメータは，放射線の入射によって蛍光を発する光を，光電子増倍管により光の量に比例した電気的パルスとして検知します。これを適当な増幅器を経由させてパルスの波高を選別して計数します。

ここで用いられるシンチレータとしては微量のTl（タリウム）で活性化されたNaI（よう化ナトリウム）やCsI（よう化セシウム）などの結晶が用いられます。

感度が高く，100 keV付近に最大感度を持ちますが，エネルギー依存性が大きく，50 keV以下では測定に向いていません。また，パルス状に発生するエックス線では，数え落としが著しくなりGM計数管と同様に注意が必要です。

(1) 記述のとおりです。シンチレーション検出器は，感度が良好で，自然放射線レベルの低線量率の放射線も検出可能ですので，エックス線装置の遮へい

欠陥などを調べるのにも適しています。
(2) この記述は誤りです。たとえば、タリウム活性化よう化ナトリウム結晶の場合、放射線が入射すると波長413nmで減衰時間の短い（230 ns）青紫色の蛍光パルスが放出されます。
(3)～(5) これらは、いずれも記述のとおりです。

正解　(2)

問題2　重要度!!!

計数管によるサーベイメータを用いた測定において、時間 t [s] の測定で計数値が N であったとすると、その標準偏差が近似的に $\sqrt{N}$ になるという。その場合に関する次の文章において、A～Cに該当する語句の組合せとして正しいものは(1)～(5)のうちどれか。

その標準偏差が $\sqrt{N}$ であれば計数値が N ということから、$N-\sqrt{N}$ と $N+\sqrt{N}$ との間に真の計数値が存在する確率は　A　と言える。同様に、$N-2\sqrt{N}$ と $N+2\sqrt{N}$ との間に存在する確率は　B　、$N-3\sqrt{N}$ と $N+3\sqrt{N}$ との間では、　C　となる。

	A	B	C
(1)	36.8 %	68.3 %	95.4 %
(2)	36.8 %	68.3 %	99.7 %
(3)	36.8 %	95.4 %	99.7 %
(4)	63.2 %	95.4 %	99.7 %
(5)	68.3 %	95.4 %	99.7 %

解説

この問題では、確率統計の知識が問われています。

正規分布において、平均値 μ の周りの分散として、標準偏差 σ が分かっていれば、$\mu \pm \sigma$ の中に入る割合は68.3 %、$\mu \pm 2\sigma$ の中に入る割合は95.4 %、$\mu \pm 3\sigma$ の中に入る割合は99.7 %ということになっています。

これらの3つの数値は極めて重要な基礎知識ですので、頭に入れておきましょう。36.8 %や63.2 %という数値は減衰曲線や漸近曲線における値ですので、混同しないようにしましょう。

本問は68.3 %だけを正しく覚えているだけで(5)が選べるものとなっていますね。

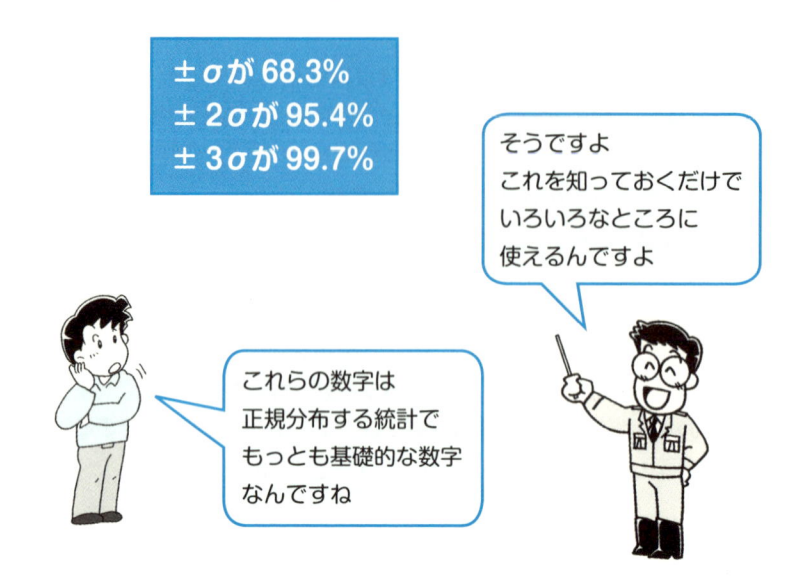

±σが 68.3%
± 2σが 95.4%
± 3σが 99.7%

（これらの数字は正規分布する統計でもっとも基礎的な数字なんですね）

（そうですよ　これを知っておくだけでいろいろなところに使えるんですよ）

　一般に時間の経過によって指数関数的に減少する量において，初期の量が36.8%（$= e^{-1}$）に減少するまでの時間を時定数といいます。あるいは，段階的に変化して一定の値に近づく際に，最終の値（定常値）の $1 - e^{-1} = 63.2\%$ に近づく時間ともいえます。

　このことはこれで，本問のような統計の問題ではありませんが，エックス線などの分野においてもとても重要な事柄ですので，よく理解されることが望ましいでしょう。

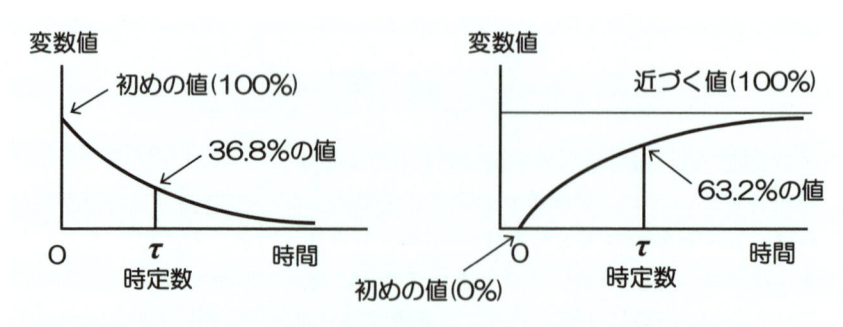

関数形 $x = x_0 \exp\left(-\dfrac{t}{\tau}\right) = x_0 e^{-\frac{t}{\tau}}$　関数形 $x = x_0 \left\{1 - \exp\left(-\dfrac{t}{\tau}\right)\right\} = x_0 \left(1 - e^{-\frac{t}{\tau}}\right)$

図2-1　減衰関数（左）と漸近関数（右）

正解　(5)

3 サーベイメータの原理と特徴

問題3 重要度 !!!

あるエックス線を対象として，サーベイメータの前面にアルミニウム板を置いて，半価層を測定したところ，15.0 mm であった。このエックス線の実効エネルギーは次のどの値に近いか。

ただし，エックス線とアルミニウムの質量吸収係数との関係は次の表のように分かっているものとし，log 2 = 0.69，アルミニウムの密度は 2.7g/cm³ とする。

エックス線のエネルギー [keV]	アルミニウムの質量吸収係数 [cm²/g]	エックス線のエネルギー [keV]	アルミニウムの質量吸収係数 [cm²/g]
50	0.38	100	0.14
60	0.30	110	0.12
70	0.24	120	0.11
80	0.20	130	0.10
90	0.17		

(1) 50 keV
(2) 70 keV
(3) 90 keV
(4) 110 keV
(5) 130 keV

解説

エックス線が厚さ T [cm]，密度 ρ [g/cm³]，質量吸収係数 μ [cm²/g] の物質に入射する際の強度を I_0 とし，透過後の強度を I としますと，次の関係があります。

$$I = I_0 \exp(-\mu \rho T)$$

ここで，透過後の強度が入射強度の半分になる物質の厚さを半価層と呼び，$T_{1/2}$ などと書かれます。次の関係があります。

$$1 = 2 \exp(-\mu \rho T_{1/2})$$

$$T_{1/2} = \frac{\log 2}{\mu \rho}$$

この問題において，$\rho = 2.7\,\text{g/cm}^3$，$T_{1/2} = 15.0\,\text{mm}$，$\log 2 = 0.69$ を用いて，質量吸収係数を求めますと，

$$\mu = \frac{\log 2}{\rho \times T_{1/2}} = \frac{0.69}{2.7\,\text{g/cm}^3 \times 15.0\,\text{mm}} = 0.170\,\text{cm}^2/\text{g}$$

アルミニウムの質量吸収係数が $0.170\,\text{cm}^2/\text{g}$ に近いエックス線のエネルギーを与えられた表から読み取りますと，90 keV が得られます。

正解　(3)

$I = I_0 \exp(-\lambda t)$
この形の指数関数にはいろいろなところでお目にかかりますね

標準問題にチャレンジ！

問題4　　　重要度 !!!!

エックス線測定のための電離箱に関する次の記述のうち，誤っているものはどれか。

(1) 電離箱は，入射エックス線の一次電離によって生成されたイオン対が再結合することなく，また二次電離を起こすこともなく，電極に集められる領域の印加電圧範囲で用いられる。
(2) 電離箱による測定においては，気体増幅が用いられる。
(3) 電離箱は構造が簡単であるが，機械的衝撃や温度・湿度の変化の影響を受けやすい。
(4) 電離電流を測定することにより，空気カーマ率を算定することができる電離箱では，壁材として空気等価物質を用いて空気を封入するものもある。
(5) 散乱エックス線の1cm線量当量率の測定には，電離箱式サーベイメータが適している。

解説

電離箱式のサーベイメータには，いくつかの分類があり，電極の形状によって平行板型と円筒型とに区分されます。

また，動作形態によって，充電式と放電式とに分類されます。

いずれも流れる電流は微弱ですので，電圧を測定することで電離量を知ります。感度が低いため低線量率の測定には向きませんが，線量率のエネルギー依存性が非常に小さいので，中あるいは高線量率の測定において，安定で精度のよい測定が可能です。

小型の電離箱や加圧型電離箱を用いた各種のサーベイメータとしての利用が多く，また，個人の被ばく線量を測定するポケット型線量計としても用いられます。

(1) 正しい記述です。
(2) 電離箱による測定は，気体増幅（ガス増幅）の起こらない範囲で用いられますので，記述は誤りです。
(3)～(5) 全て正しい記述です。

正解　(2)

問題5　重要度!!!

GM計数管に関する次の記述のうち，正しいものはどれか。

(1) GM計数管の分解時間は，一般に回復時間より長い。
(2) GM計数管では，入射エックス線のエネルギーを測定することは不可能である。
(3) GM計数管式サーベイメータは，300 mSv/h 程度の線量率の放射線まで効率よく測定できるので，利用線錐中のエックス線の 1 cm 線量当量率の測定にも適する。
(4) エックス線に対するGM計数管式サーベイメータの計数効率は，20～30 %程度である。
(5) GM計数管式サーベイメータは，温度や湿度の影響を受けやすく，また，機械的にも不安定で，慎重な取扱いが必要である。

解説

　GM管式（GM計数管式）サーベイメータは，比例計数領域よりも高い電圧範囲であるガイガー放電域で作動させます。
　最終的に生じる電子数は，入射した荷電粒子やそれにより生じたイオン対の数に無関係になります（電子なだれ現象）ので，入射した粒子の種類やエネルギーに無関係に一定の大きさのパルス（1～5V 程度の大きなパルス）が得られます。
　比較的簡単な電子回路で計数でき，波高値がある一定電圧（しきい値）以上のパルスだけをカウントします。
　陽極－陰極の間には，通常ハロゲンガスあるいはアルゴンやネオンなどの不活性ガスが封入されます。
　GM管式では，印加電圧が低い場合にはガス増幅が十分ではなく，波高値が低いので計数されませんが，印加電圧を上げていくと図のように計数率が一定になる領域（**プラトー領域**）があります。
　その領域では多少の電圧変動があっても計数率はほぼ一定になりますので，一般にその最低電圧 V_1 と最高電圧 V_2 との平均値 $(V_1+V_2)/2$ で使用されます。

3 サーベイメータの原理と特徴

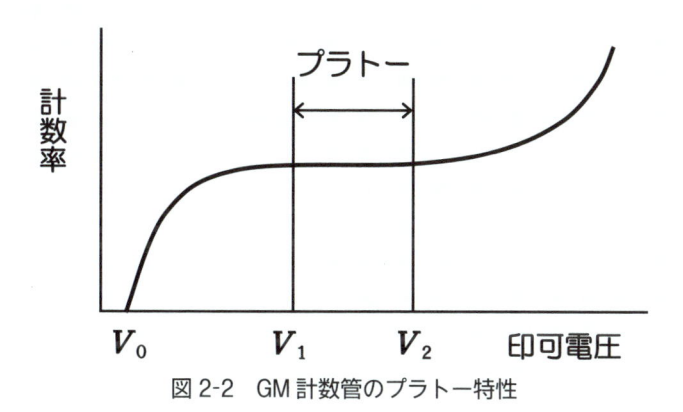

図 2-2 GM 計数管のプラトー特性

　GM管式の領域では，1個のエックス線光子の電離作用を検知した後，次の放射線が入射しても出力パルスが現れない時間があり，不感時間（通常100〜200 μs）と呼ばれています。不感時間を超えて，パルスが現れるまでの時間を分解時間，正常なパルスに戻るまでの時間を回復時間といいます。不感時間＜分解時間＜回復時間という大小関係になります。

　これらの現象による数え落としの補正が必要となりますが，それは次のように行われます。分解時間を T [s]，計数率を n [cps = s^{-1}] としますと，真の計数率 n_0 は，次の式で求められます。

$$n_0 = \frac{n}{1-nT} [\mathrm{s}^{-1}]$$

ここで，n や n_0 は1秒間当たりの計数値で，cps単位（count per second）となります。

(1) この記述は誤りです。一般に，不感時間より分解時間が長く，分解時間より回復時間のほうが長くなります。
(2) これは記述のとおりです。入射エックス線のエネルギーによらず出力電荷量は一定となります。
(3) GM計数管式サーベイメータは，300 μSv/h 程度の線量率の放射線までしか測定できません。誤りです。
(4) エックス線に対する計数効率は，通常 0.1〜1 ％ 程度となっています。
(5) GM計数管式サーベイメータは，温度や湿度の影響を受けにくく，また，機械的にも安定です。

正解　(2)

問題6　重要度!

ガイガー・ミュラー計数管式サーベイメータを用いてエックス線を測定し、500 cps の計数率を得た。この計数管の分解時間が 50 μs であるとすると、真の計数率は次のどの値に最も近いか。

(1)　506
(2)　513
(3)　520
(4)　527
(5)　535

解説

分解時間を T [s]、計数率を n [cps = s^{-1}] としますと、真の計数率 n_0 は、次の式で求められます。

$$n_0 = \frac{n}{1-nT} \, [\text{s}^{-1}]$$

この問題では、$T = 50 \times 10^{-6}$ [s]、$n = 500$ [s^{-1}] ですから、これらを代入して、

$$n_0 = \frac{500 \, [\text{s}^{-1}]}{1 - 500 \, [\text{s}^{-1}] \times 50 \times 10^{-6} \, [\text{s}]} = 512.8 \, [\text{s}^{-1}]$$

正解　(2)

発展問題にチャレンジ！

問題7　重要度 !

空気1kgにつき x [C/h] のエックス線によって，I [A] の電離電流を得るには，容積がどれだけの電離箱を用いればよいか。

ただし，標準状態の空気の重さを ρ [kg/cm³] とする。また，1 A = 1 C/s である。

(1) $\dfrac{3{,}600\,x}{\rho I}$

(2) $\dfrac{3{,}600\,I}{\rho x}$

(3) $\dfrac{I}{3{,}600\,\rho x}$

(4) $\dfrac{I x}{3{,}600\,\rho}$

(5) $\dfrac{3{,}600\,\rho}{I x}$

解説

まず，エックス線によって電離される1秒間当たりの電荷量を求め，電流に換算します。

$$\dfrac{x\,[C/(kg\cdot h)]}{3{,}600\,[s/h]} = \dfrac{x}{3{,}600}\,[C/(kg\cdot s)] = \dfrac{x}{3{,}600}\,[A/kg]$$

最後のところで，1 A = 1 C/s を用いています。

次に，これによって I [A] の電離電流を得る空気量を求めるには，I [A] を上の結果で割ります。

$$\dfrac{I\,[A]}{\dfrac{x}{3{,}600}\,[A/kg]} = \dfrac{3{,}600\,I}{x}\,[kg]$$

これを体積に換算します。

$$\dfrac{3{,}600\,I}{x}\,[kg] \times \dfrac{1}{\rho\,[kg/cm^3]} = \dfrac{3{,}600\,I}{\rho x}\,[cm^3]$$

正解　(2)

問題8　重要度 !

　コバルト60（7.4×10^7 Bq）を用いて電離箱式サーベイメータを校正したところ，コバルト線源から電離箱の実効中心との距離が1mであった時に，フルスケールまで針が振れるのに20分を要したという。
　3.7×10^7 Bqのコバルト60線源から1mの距離における線量率が30 μGy/hであることが分かっているとすると，校正された電離箱式サーベイメータのフルスケールはいくらと考えられるか。

(1)　10 μGy
(2)　20 μGy
(3)　30 μGy
(4)　40 μGy
(5)　50 μGy

解　説

　線源の強さと線量率の大きさとは比例しますので，3.7×10^7 Bqのコバルト60線源から1mの距離における線量率が20 μGy/hであることから，7.4×10^7 Bqの線源の場合には40 μGy/hになります。この線源でフルスケールに振れるまで30分かかったのですから，比例式を立てて，1時間当たりの量を求めますと，

$$30 \ \mu\text{Gy/h} \times \frac{20 \ \text{min}}{60 \ \text{min/h}} = 10 \ \mu\text{Gy}$$

正解　(1)

ちょっと一休み

酒場はなぜ『さけば』とは読まないのか

　酒場は「さけば」ではなくて「さかば」ですね。では何故, 酒は「さけ」と読むのに酒場は「さかば」なんでしょう。酒飲みは「さけのみ」なのに, 酒蔵は「さかぐら」ですね。

　比較的古い日本語の原型（語幹）は酒（さか）だったようですが, 酒で終わる言葉は安定性が悪いので, その後に「い」を付けていたそうです。それで,「さか＋い」が「さけ」に縮まったようです。ですから, 後に続く言葉があれば「さか」のまま後が続きます。

　その他にも探せばかなり多くの似た言葉が見つかります。雨傘（あまがさ）, 風穴（かざあな）, 船酔い（ふなよい）, 胸板（むないた）, 上手（うわて）, 瞼（まぶた）, 眼（まなこ）, 手折る（たおる）などなどです。木立ち（こだち）や蛍（火垂る, ほたる）なども, それぞれ木（こ＋い→き）や火（ほ＋い→ひ）という法則に対応する言葉となります。

　このような表面的な法則性でも, それを見つけてゆけば, その奥の原理がたとえ分からなくても, 解ける問題というものはありそうですね。エックス線の勉強法も短時間でする場合には（これだけでは, もちろんいけませんが）こういう法則を見つけるのも一つのやり方かも知れませんね。

4 個人線量計の原理と特徴

重要度C

基礎問題にチャレンジ！

問題1　重要度!!!

作業者個人の被ばく線量を測定する線量計として個人線量計があるが，その主なものをまとめた次の表において，下線部(1)～(5)のうち誤っているものはどれか。

	フィルムバッジ	直読式(PD)ポケット線量計	熱ルミネッセンス線量計(TLD)	蛍光ガラス線量計	光刺激ルミネッセンス線量計(OSL)	半導体ポケット線量計
測定可能線量下限(H_{1cm})	100 μSv	10 μSv	1 μSv	10 μSv	10 μSv	0.01 μSv
記録保存性	(1)有	(2)無	(3)有	(4)有	(5)有	無
着用中の自己監視	不可	可	不可	不可	不可	可
フェーディング	中	中	中	小	小	無
特記事項	従来広く使用された。測定に日数必要		使用済素子を繰り返し使用できる	繰り返し読み取り可能	繰り返し読み取り可能。可視光アニールができ前処理容易	短期間の被ばく作業の場合に適する

解説

熱ルミネッセンス線量計(3)は，記録保存性がありません。放射線によって励起された電子が捕獲中心に捕獲されて準安定状態になっていますが，加熱されるとそれが熱的に励起して蛍光中心の正孔と再結合する際に余分なエネルギーを蛍光として放出します。そのため，素子を加熱して線量を読み取った後は，放射線で蓄積された情報は残りません。積算線量を測定するのには適していません。

あらためて，各種の個人線量計をまとめてみますと，以下のようになります。

4 個人線量計の原理と特徴

表2-3 各種個人線量計の特徴

	フィルムバッジ	直読式(PD)ポケット線量計	熱ルミネッセンス線量計(TLD)	蛍光ガラス線量計	光刺激ルミネッセンス線量計(OSL)	半導体ポケット線量計
測定可能線量下限 (H_{1cm})	100 μSv	10 μSv	1 μSv	10 μSv	10 μSv	0.01 μSv
1個で測定可能な範囲 (H_{1cm})	100 μSv〜700 mSv	10 μSv〜1 mSv	1 μSv〜100 Sv	10 μSv〜30 Sv	10 μSv〜10 Sv	0.01〜99.99 μSv 1〜9999 μSv [注]
エネルギー特性	大(フィルタ補正可能)	小	大(フィルタ補正可能)	大(フィルタ補正可能)	中(フィルタ補正可能)	小
方向依存性	±90°で−50%	フィルムバッジより小			±20%	
記録保存性	有	無	無	有	有	無
着用中の自己監視	不可	可	不可	不可	不可	可
湿度影響	大	中	中	小	小	中
機械的堅牢さ	大	小	中	中	中	中
ほこりの影響	大	大	―	小	―	―
必要な付属装置	暗室,現像設備,濃度計	荷電器	専用読み取り器	専用読み取り器	―	なし
フェーディング	中	中	中	小	小	無
特記事項	従来広く使用された。測定に日数必要		使用済素子を繰り返し使用できる	繰り返し読み取り可能	繰り返し読み取り可能。可視光アニールができ前処理容易	短期間の被ばく作業の場合に適する

注）1個の計器では4桁までカバーできます。0.01 μSvより始まる水準のものから1 μSvより始まる水準のものまで存在します。

正解 （3）

問題2　　　　　　　　　　　　　　　　　　　　　　　　重要度 !!

熱ルミネッセンス線量計に関する次の記述のうち，正しいものはどれか。

(1) 熱ルミネッセンス線量計では，再使用のために200～400℃で数分から数十分程度のアニーリングを行う。
(2) 吸収線量と発光量の関係を示す曲線をグロー曲線といっている。
(3) 熱ルミネッセンス線量計では，素子ごとの感度のばらつきはほとんどない。
(4) 熱ルミネッセンス線量計では，フィルムバッジより最低検出線量が大きい。
(5) 線量の測定範囲は，フィルムバッジより狭くて，100 μSv～1 Sv 程度となっている。

解説

熱ルミネッセンス線量計（TLD線量計，熱蛍光線量計）は，加熱によって吸収した放射線のエネルギーに比例した光を発する熱ルミネッセンス物質（熱蛍光物質）を利用した線量計で，積算線量を知ることが可能です。

LiF，CaF_2，$CaSO_4$，$SrSO_4$ などが用いられます。

Tm（ツリウムという元素）イオンでドープ（濃液処理，あるいは，ドーピング）して効果を高めた $CaSO_4$ は $CaSO_4$：Tm と書かれます。他に Tb（テルビウム）などもドープに使われます。

熱ルミネッセンス物質をロッド状，ペレット状，あるいは，シート状に成形して素子とし，ホルダーに収めて使います。

リーダ（読取装置）で積算線量を読み取った後，200～400℃で数分～数十分のアニーリングをすることで再使用できます。

広いエネルギー範囲の線量（1 μSv～100 Sv）を測定できますし，感度もよく小形で1 cm線量当量の測定が可能ですが，エネルギー依存性があるのでフィルタを使用して感度補正します。

一度加熱して線量を読み取る際に失敗してしまうと再読み取りができなくなります。

(1) これは記述のとおりです。一度使用した素子も，アニーリングをすることによって，再び使用することが可能です。
(2) グロー曲線は，温度と蛍光強度との関係を示すものです。

(3) 熱ルミネッセンス線量計では，素子ごとに若干の感度のばらつきがあります。
(4) 熱ルミネッセンス線量計は，フィルムバッジより最低検出線量が小さいです。
(5) 線量の測定範囲は，フィルムバッジより広く，1 μSv～100 Sv 程度となっています。

正解　(1)

問題3　重要度!!!

次に示す直読式ポケット型個人線量計の図において，(1)～(5)のうち誤っている用語はどれか。

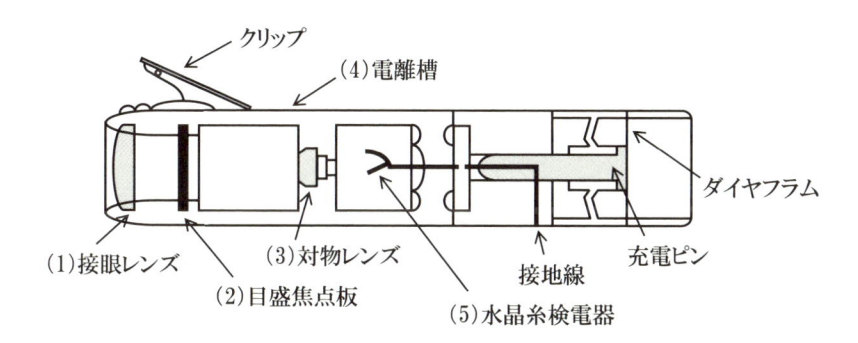

クリップ
(4) 電離槽
ダイヤフラム
充電ピン
接地線
(1) 接眼レンズ
(2) 目盛焦点板
(3) 対物レンズ
(5) 水晶糸検電器

解説

　問題の図において，誤っている用語は，(4)の電離槽ですね。電離槽はY字型になっている水晶糸の入る容器です。(4)の位置は套管(とうかん)と呼ばれる筒になります。

　直読式（PD）ポケット線量計は，中央に電離箱（電離槽）を持った検電器で，大きさは直径13 mm，長さ約97 mmの万年筆タイプのものです。荷電器が付属器具として必要です。使用の際は，線量計の指示線をゼロに合わせて，上着のポケットに差し込んでおきます。

　図にありますように，電離槽内に水晶糸（石英繊維）があり，充電された電荷に応じて先端がY字型に開きます。電離槽内に放射線が入射しますと気体が電離して，その結果電荷が放電してY字検電器が閉じます。積算線量を読み取るには，水平に持って接眼レンズを通して目盛焦点板から読み取ります。

測定範囲は 0.01 ～ 5 mSv で，測定する線量の大きさによって数種類の線量計が用意されています。

　常時線量を確認できるメリットがありますが，機械的振動や衝撃に弱く，さらに湿気などで自然放電（フェーディング）も起きやすく，取扱いには注意が必要です。40 ～ 70 keV 付近で最高感度を示すエネルギー依存性もあり，これにも注意が必要です。

　保管に際しては，50℃以上の高温や多湿の場所を避け，振動や衝撃を与えないようにして常に荷電状態にしておきます。

正解　(4)

線量計の部品の名前を再確認しておきましょう

標準問題にチャレンジ！

問題4　重要度 !!!

蛍光ガラス線量計（LG）とフィルムバッジ（FB）に関する次の記述のうち，誤っているものはどれか。

(1) LGのほうが，FBよりもフェーディングが小さい。
(2) LGは素子の再利用が可能である。
(3) LGのほうが，FBよりも測定可能な下限線量が小さい。
(4) LGのほうが，FBよりも測定可能な線量の範囲が広い。
(5) LGのほうが，FBよりも機械的に堅牢である。

解説

誤っているものは，(5)になります。フィルムバッジの機械的堅牢さは十分にあります。落としたりぶつけたりした場合などにも，そのような衝撃には強いという特徴があります。

正解　(5)

問題5　重要度 !!!

フィルムバッジに関する次の記述のうち，正しいものはどれか。

(1) フィルムバッジは，写真乳剤を塗布したフィルムを現像した際の黒化度によって被ばく線量を評価する。
(2) フィルムバッジは，100〜200 keVのエネルギー範囲のエックス線に対して，最も感度が高い。
(3) フィルムバッジから線量を求める場合，コントロールフィルムの線量を加算して補正する。
(4) 現像処理は，ほぼ6ヶ月程度で行う。
(5) フィルムバッジでは，バックグラウンドの影響を除去するためにフィルタが用いられている。

解　説

　図2-3にありますように，金属のフィルタに挟(はさ)まれた個人ごとの検出フィルムによって被ばくを測定します。フィルムには銀（Ag）や臭素（Br）を含む乳剤が塗布されており，これらの原子は原子番号が大きいことからエックス線に対して光電効果を起こしやすいことを利用し，黒化度をもとに被ばくを検出します。

　エックス線作業従事者が作業を行う場合に胸につけておき，通常は1ヶ月後に現像して，被ばく線量が分かっている標準フィルムと比較することで，その期間中に受けた被ばく線量を推定します。

　数種類の金属フィルタを付ける理由は，線質依存性があることです。すなわち，同じ照射線量でも線質（エネルギー）によって濃度が異なりますので，これを補正するためです。

　測定する範囲を拡大するために，感度の異なる複数のフィルムを入れることがあります。JISでは，エックス線用のフィルムバッジの窓にはアルミニウムおよび銅のフィルタを付けることとされています。フィルムの現像や線量の算定は，専門の機関に依頼します。

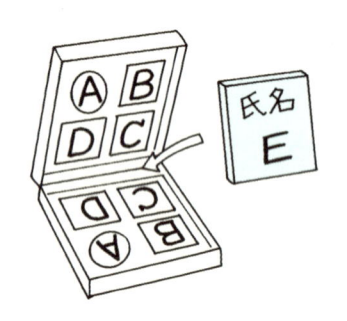

```
エックス線用フィルタ X－1 型
（エネルギー範囲 23～80keV）

A：フィルタなし
B：Al　　1.4mm
C：Cu　0.2mm + Al 1.2mm
D：Pb　2.0mm

Eには個人名を記入し，
ABCD に重ねてふたを閉じ
個人ごとに着用します。
```

図2-3　フィルムバッジの構造

　測定範囲は，0.1～7 mSv で，1ヶ月などの比較的長期間の測定に適していて，線量データを永久保存できます。しかし，湿度70%以上で保管したり，高温の場所で使用したりすると，像が薄くなる潜像退行現象（フェーディング）が大きくなります。フィルムバッジから線量を求める場合には，コントロールフィルム（比較対象とするバックグラウンド測定用フィルム）の線量を引き算して補正します。

　なお，近年では，銀資源の枯渇問題と現像処理液の廃液による環境汚染を防

(1) 前の解説にありますように正しい記述です。
(2) フィルムバッジの感度が高い領域は，数十 keV のエネルギー範囲となっています。
(3) フィルムバッジから線量を求める場合，コントロールフィルム（比較対象とするバックグラウンド測定用フィルム）の線量を引き算して補正します。
(4) 現像処理は，ほぼ 1 ヶ月程度で行い，積算線量を測定するのが望ましいです。6 ヶ月程度は長すぎます。
(5) フィルムバッジで用いられているフィルタはバックグラウンドの影響を除去するためではなく，エネルギー特性を補正するためのものです。バックグラウンドの影響を除去する目的では，コントロールフィルムが用いられます。

正解 (1)

問題 6　重要度!!

蛍光ガラス線量計に関する次の文章の下線部の中で誤っているものはどれか。

蛍光ガラス線量計は，紫外線が当たると，吸収している(1)放射線量の 2 乗に比例した強さの(2)オレンジ色の蛍光を発するガラス素子を利用する。その素子としては，主に銀活性アルカリアルミナりん酸塩ガラスが用いられ，蛍光ガラスのサイズは(3)数 mm 程度で，(4)バッジだけでなく，(5)リングとして手足の指先にも取り付けられる。

解説

蛍光ガラス線量計は，(1)「放射線量の 2 乗に比例」のような複雑な関係ではなく，単に「放射線量に比例」します。その他の部分は正しいものとなっています。

蛍光ガラス線量計は，紫外線が当たった時に吸収している放射線量に比例した強さのオレンジ色の蛍光を発するガラス素子を利用します。その素子としては，主に銀活性アルカリアルミナりん酸塩ガラスが用いられ，蛍光ガラスのサイズは数 mm 程度で，バッジだけでなく，リングとして手足の指先にも取り付けられます。

正解 (1)

発展問題にチャレンジ！

問題7　重要度 !

個人線量計に関する次の記述のうち，誤っているものはどれか。

(1) 光刺激ルミネッセンス線量計では，検出素子として，炭素添加の酸化アルミニウムが用いられている。
(2) PD型ポケット線量計は，充電によって先端がY字型に開いた石英繊維が，放射線の入射により閉じてくることを利用している。
(3) PD型ポケット線量計は，装着中は，時間や場所のいかんを問わず，装着者の被ばく線量を監視できる。
(4) 蛍光ガラス線量計は，湿度の影響を受けやすい。
(5) 半導体式ポケット線量計は，放射線の固体内での電離作用を利用したもので，検出器として高圧電源を必要としないPN接合型シリコン系半導体を用いている。

解説

(1)～(3) いずれも正しい記述です。
(4) 蛍光ガラス線量計は，湿度の影響を受けにくいです。ガラスのため水中でも測定が可能です。
(5) 記述のとおりです。半導体式ポケット線量計は，放射線の固体内での電離作用を利用したもので，検出器として高圧電源を必要としないPN接合型シリコン系半導体を用いています。

正解　(4)

問題8　重要度 !!

光刺激ルミネッセンス線量計に関する次の文章の下線部の中で誤っているものはどれか。

光刺激ルミネッセンス線量計は，(1) OSL線量計ともいわれ，光を当てると，吸収している放射線量に比例した光を発する(2) 輝尽発光物質を使用した線量計であって，その(2) 輝尽発光物質には，最も多く用いられているものとして(3) α－酸化カルシウムがある。

従来多用されていた(4)フィルムバッジに代わって現在では広く用いられている。

通常の熱刺激では開放されないような、より深い(5)エネルギー準位に取り込まれた電子を利用している。

解説

(3)のα－酸化カルシウムは誤りで、最も多く用いられているものはα－酸化アルミニウムです。

光刺激ルミネッセンス線量計は、OSL線量計ともいわれ、光を当てると、吸収している放射線量に比例した光を発する輝尽発光物質を使用した線量計であって、その輝尽発光物質には、最も多く用いられているものとしてα－酸化アルミニウムがあります。

従来多用されていたフィルムバッジに代わって現在では広く用いられています。

通常の熱刺激では開放されないような、より深いエネルギー準位に取り込まれた電子を利用しています。

正解　(3)

α－酸化アルミニウムはよく用いられますので押さえておきたいですね

第3章

エックス線の生体に与える影響

福島の原発事故以来
エックス線についても
生体影響が
けっこう気になりますね

1 放射線生物作用の基礎

重要度C

基礎問題にチャレンジ！

問題1　重要度!!!

生物へのエックス線の作用には直接作用と間接作用とがあるが，次の記述のうち，正しいものはどれか。

(1) 放射線の間接作用とは，間接電離放射線が生体高分子に作用して，電離あるいは励起を起こすことによってそれを破壊し，細胞に損傷を与える作用をいう。
(2) 生体中に共存する酸素の分圧が高くなると，放射線の生体への効果は強くなる。
(3) 溶液中の酵素濃度を変化させて一定線量のエックス線を照射する場合，酵素濃度が増すにつれて，酵素の全分子中のうち活性化されたものの占める割合が減少することは，直接作用によって説明されている。
(4) エックス線のような低LET放射線の影響において，直接作用より間接作用のほうが生体に与える影響が大きいとされている。
(5) 生体中にシスティンやシステアミンなどのSH化合物が共存していると，間接作用は加速される。

解　説

(1) 直接電離放射線でも間接電離放射線でも，生体高分子に影響を与える作用は，間接作用ではなくて直接作用になります。なお，間接電離放射線とは，非荷電粒子の放射線のことで，エックス線，ガンマ線，中性子線などを指します。
(2) 記述のとおりです。酸素分圧が高くなるということは，溶液中の酸素濃度が高くなることと同じですので，より有毒なラジカルが生じやすく，放射線の生体への効果は強くなります。
(3) 問題文のような現象は間接作用であるとして説明されます。
(4) エックス線の作用として，直接作用と間接作用の影響の大きさは，ケースバイケースであって，一概にはいえません。

(5) 記述は逆です。生体中にシスティンやシステアミンなどのSH化合物が共存していると，間接作用は減速（軽減）されます。

HOOC-CH-CH₂-SH
　　　｜
　　　NH₂
システインの化学構造

H₂N-CH₂-CH₂-SH
システアミンの化学構造

図 3-1　SH化合物の化学構造

システインやシステアミンなどの化学構造を覚える必要はあるのかなぁ？

化学の試験ではないのでそこまで覚えることはないでしょうね
−SH という官能基を持っていることを理解しておきたいですね

　なお，システインやシステアミンは図のような化学構造をしていますが，化学の試験ではないので，分子の形までは要求されないでしょう。特徴である−SHという構造（官能基）を持っていることは理解しておいて下さい。これがラジカルなどを捕えてくれます。

正解　(2)

問題2　重要度!!!!

生物へのエックス線の作用に関する次の文章において，A から C にあてはまる語句の組合せとして，正しいものは(1)〜(5)のうちどれか。

　放射線が生物に対して起こす作用として，その作用機構は　A　作用と　B　作用とに分類されるが，　B　作用が起きていることの根拠として挙げられる現象に　C　効果がある。

	A	B	C
(1)	間接	直接	酸素
(2)	間接	直接	温度
(3)	間接	直接	保護
(4)	直接	間接	酸素
(5)	直接	間接	温度

解説

　放射線が生物に対して起こす作用として，その作用機構は直接作用と間接作用とに分類されます。酸素効果は，直接作用にも間接作用にも作用することがありえますので，一方の作用の起こっている根拠にはなりません。温度効果と希釈効果，そして，保護効果は，いずれも間接作用の根拠とされています。

　問題において，温度効果は(2)と(5)とに出てきていますが，(2)では直接効果の根拠という文章になってしまいますので，ふさわしくありませんね。正解は(5)となります。

正解　(5)

問題3　重要度!!

　図は，放射線によって酵素が不活性化される現象について，横軸に酵素濃度，縦軸に不活性分子の割合をとって，グラフにしたものである。正しいグラフはどれか。

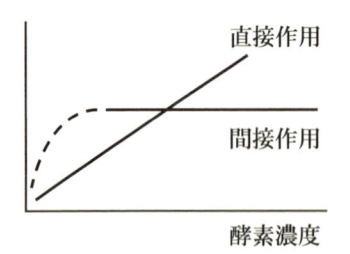

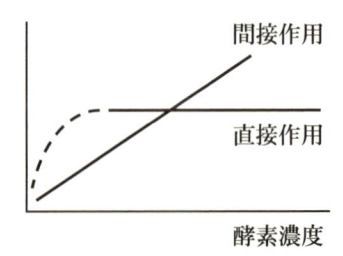

(1)　不活性分子の割合［％］

(2)　不活性分子の割合［％］

1　放射線生物作用の基礎　　　111

(3)　不活性分子の割合〔％〕

　　直接作用
　　間接作用
　　　　　酵素濃度

(4)　不活性分子の割合〔％〕

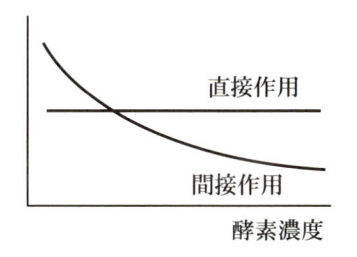

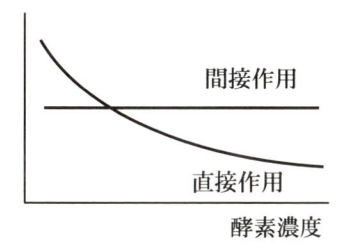

　　間接作用
　　直接作用
　　　　　酵素濃度

(5)　不活性分子の割合〔％〕

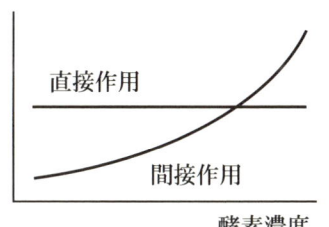

　　直接作用
　　間接作用
　　　　　酵素濃度

解　説

　同じ線量の放射線が照射された場合には，直接作用では放射線が直接に不活性化反応に関与するのですから，不活性化される酵素の分子数は酵素濃度に比例し，その分子の割合は酵素濃度に関係なく一定であるはずです。その場合，グラフでは水平の直線になります(2)(3)(5)。

　ところが，実際のデータで左のグラフにおいて水平の直線に（濃度の低いところはデータがない場合が多いのですが），右のグラフで右下がりの曲線になるものがあります。この現象の説明として，間接作用が提案されています。一定の照射線量では，水分子のラジカル化の度合いが一定なので，一定量のラジカルによって生じる酵素の不活性化数は，酵素濃度によらず一定で，酵素濃度が濃くなると不活性化の割合は下がるということになります。これを希釈効果と呼んでいます。

　結局，(2)と(5)は除かれて，正解は(3)となりますね。

　希釈効果を示す正しいグラフを，あらためて掲げます。

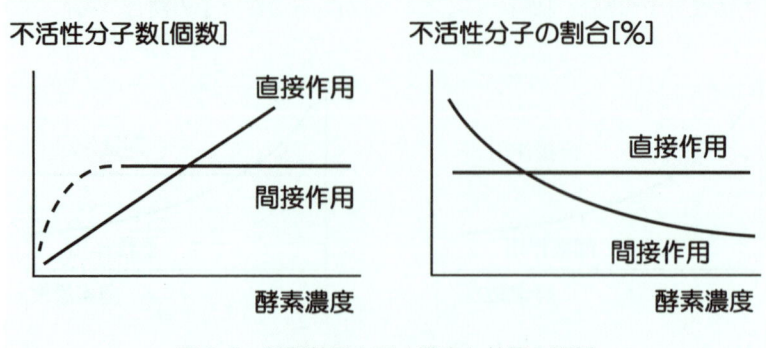

図 3-2　希釈効果を示す濃度と効果の関係

正解　(3)

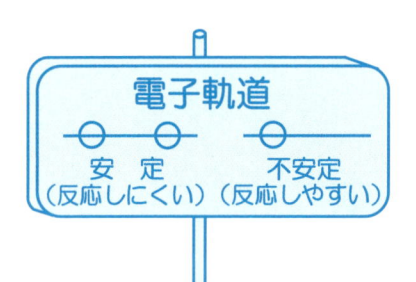

電子軌道

安　定　　　不安定
（反応しにくい）（反応しやすい）

もともとラジカルという言葉は「激しい」という意味なんですね

二つの電子が入って安定であるべき電子軌道の一つに電子が一つしか入っていなくて激しく反応しやすくなっているものをラジカルと呼ぶようになったんですね

標準問題にチャレンジ！

問題4　重要度！！！！

放射線の間接作用に関する効果として，次の文章の下線部の中で誤っているものはどれか。

放射線の影響における保護効果は，化学的防護効果ともいわれ，放射線の照射時に生じる(1)ラジカルと反応しやすい物質，あるいは，捕捉して(2)能力増強する物質が共存していると，生じた(1)ラジカルがこれによって消失し，放射線の作用は(3)軽減される。このような働きをする物質を(4)放射線防護剤あるいは単に(5)防護剤といっている。

解説

ラジカルの能力増強をすることはありません。文章の後半でも「軽減する」といっているくらいです。(2)は無力化するということが正しい記述になります。このラジカルを捕捉して，無力化する物質を，ラジカル・スカベンジャーともいいます。その意味は，「ラジカルの掃除人」です。

正解　(2)

問題5　重要度！！！

放射線が生体高分子に与える間接作用に対して最も関連の低いものは次のうちどれか。

(1) 希釈効果
(2) 酸素効果
(3) 圧力効果
(4) 保護効果
(5) 温度効果

解説

間接効果に関係のあるものは，(1)希釈効果，(2)酸素効果，(4)保護効果，(5)

温度効果です。したがって，正解は(3)の圧力効果となります。このうち，(2)酸素効果は間接作用にも直接作用にも関係します。

正解　(3)

問題6　重要度!!

生物へのエックス線の作用には直接作用と間接作用とがあるが，次の記述のうち正しいものはどれか。

(1) 間接作用とは，エックス線が生体内に存在する水分子と相互作用した結果，生成した二次電子が生体高分子に影響を与えることである。
(2) 生体中にシスチンやシステアミンなどのＳＨ化合物が共存していると，間接作用は加速される。
(3) ＳＨ化合物とは，スカベンジャー・ハイドレート化合物の略である。
(4) 放射線の間接作用には，生体中の水分子の関与が大きい。
(5) 希釈効果とは，生成したラジカルが水分子で希釈されることをいう。

解説

(1) エックス線が生体内に存在する水分子と相互作用した結果，生成するものは二次電子ではなくて，ラジカルです。
(2) 記述は逆です。生体中にシスチンやシステアミンなどのＳＨ化合物が共存していると，間接作用は減速(軽減)されます。
(3) ＳＨ化合物とは，硫黄原子(Ｓ)と水素原子(Ｈ)からなる，－ＳＨという官能基(特定原子団)を持つ化合物のことです。ＳＨ化合物が，ラジカル・スカベンジャー化合物(ラジカルを掃除する化合物)に分類されることはあります。
(4) これは記述のとおりです。放射線の間接作用には，生体中の水分子の関与が大きくなっています。
(5) 希釈効果とは，生成したラジカルが水分子で希釈されることではなくて，同一線量で酵素溶液などを照射する際に，低濃度溶液のほうが高濃度溶液より酵素などの失活率が高くなる現象をいいます。

正解　(4)

1 放射線生物作用の基礎

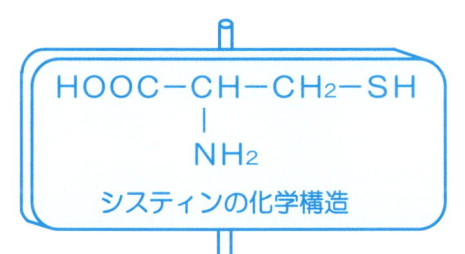

$HOOC-CH-CH_2-SH$
        $|$
      NH_2

システインの化学構造

アミノ基（$-NH_2$）とカルボン酸基（$-COOH$）を両方持っている物質をアミノ酸というんですね

えっ？
私を
呼びましたか？

網野

発展問題にチャレンジ！

問題7　重要度!!

放射線によって引き起こされるDNA損傷に関する次の記述のうち，誤っているものはどれか。

(1) 放射線が起こすDNA損傷には，直接作用と間接作用とがある。
(2) 放射線が起こすDNA損傷によって，細胞が死に至り，組織の機能障害を引き起こすことがある。
(3) 放射線が起こすDNA損傷によって，突然変異が起こり，がんや遺伝的影響を起こす可能性がある。
(4) DNA損傷の種類としては，糖の損傷，塩基の損傷，鎖の切断，架橋形成などがある。
(5) 放射線によってDNAに生じた損傷は，修復されることはない。

解説

(1)～(4) これらはいずれも記述のとおりです。DNA損傷に関して基本的なことを理解しておきましょう。
(5) 生体には，放射線に対する防御機能もあります。その1つとして細胞は自ら持つ酵素を使ってDNA損傷を修復することもあります。すべての損傷を修復できるとは限りませんが，修復することは可能ですし，ありえます。

正解　(5)

問題8　重要度!!

放射線の間接作用に関する次の文章の下線部の中で誤っているものはどれか。

生体の細胞には，約70～80％の水分が含まれている。この水の分子が放射線の影響で電離したり励起したりして，その結果生じた(1)フリーラジカルがDNAを損傷するような作用のことを間接作用という。放射線の間接作用には，(2)希釈効果，(3)酸素効果，(4)温度効果，(5)圧力効果などがある。

解　説

　放射線の間接作用に，圧力効果というものは，一般に確認されていません。(5)は，正しくは保護効果になります。

　生体の細胞には，約70～80％の水分が含まれています。この水の分子が放射線の影響で電離したり励起したりして，その結果生じたフリーラジカルがDNAを損傷するような作用のことを間接作用といいます。放射線の間接作用には，希釈効果，酸素効果，温度効果，保護効果などがあります。

正解　(5)

フリーラジカルの反応性を封殺するものがラジカル・スカベンジャーなんですね

ちょっと一休み

タコとイカの区別

　人間は関心のあるものやいつもよく見るものについては，その微妙な違いや性質を非常によく知っているものですね。逆に，まったく関心もなく普段よく見ることもないものについては，ほとんど知識がないものです。

　例に挙げて悪いかも知れませんが，オランダではタコもイカも，どちらも「インクを吐くサカナ」という意味の一語で片付けられているそうです。食べもせず関心もないものについて，足が８本あろうが10本あろうがお構いなしなのですね。

　反対に，しょっちゅうよく見ているものは，その詳しい違いなどが非常によく分かるものです。エックス線作業主任者試験に合格したいと思われる方は，そのための受験参考書などをしょっちゅう見ることにしましょう。

2 細胞・組織の放射線感受性と影響の分類

重要度 B

基礎問題にチャレンジ！

問題 1

重要度 !!!!

細胞の放射線感受性に関する次のAからDまでの記述のうち，正しいものの組合せは(1)～(5)のうちどれか。

A　放射線感受性が高い細胞は，細胞分裂頻度の高い細胞である。
B　放射線感受性が高い細胞は，形態の分化が進んだ細胞である。
C　細胞の放射線感受性は，細胞分裂のどの過程にあるかによって変化する。
D　平均致死線量は，細胞の放射線感受性の指標として用いられる。

(1) A，B
(2) A，B，C
(3) A，C，D
(4) B，C
(5) B，C，D

解説

A　正しい記述です。放射線感受性が高い細胞は，細胞分裂頻度の高い細胞です。
B　これは誤りです。放射線感受性が高い細胞は，形態の分化が進んでいない細胞です。分化が進むほど放射線感受性が低くなります。
C　正しい記述です。細胞の放射線感受性は，細胞分裂のどの過程にあるかによって変化します。
D　正しい記述です。平均致死線量は，細胞の放射線感受性の指標として用いられます。

正解　(3)

問題2　重要度！！！！

次に示すグラフにおいて，しきい値があってシグモイドであるものはどれか。

(1)

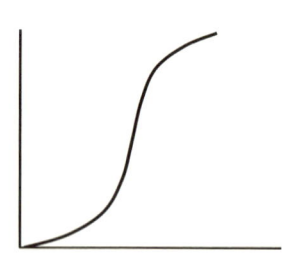

(2)

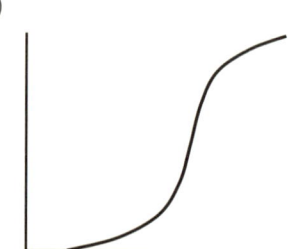

(3)

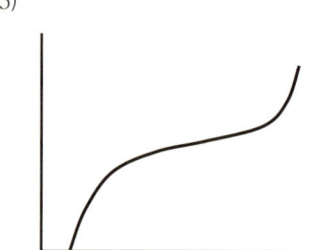

(4)

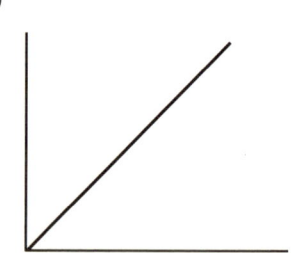

(5)

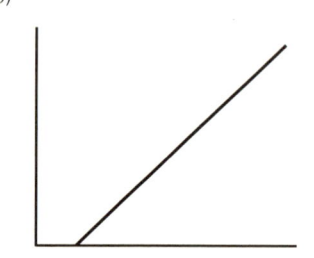

解　説

問題で問われているのは①しきい値と②シグモイドですね。
しきい値とは，原因が与えられても影響の出ない領域の最大値（影響の出始

める最小値）のことをいいます。これはグラフでいえば，原点を通らない（原点より高い位置で横軸に交わる）ということなので，(2), (3), (5) が該当します。

また，シグモイドとは，S字型曲線ということですので，(1) と (2) が該当します。(1) はしきい値のない場合のシグモイドですので，正解は(2)となります。(3) のグラフは，横軸の値が小さい範囲で上に凸，大きくなって下に凸になっていますので，S字とは逆のグラフといえます。

正解　(2)

問題3　重要度!!!

放射線の確率的影響に関する次の記述のうち，正しいものはどれか。

(1) 放射線の確率的影響は，線量に応じて発生頻度が高くなり，それとともに障害の程度も重くなる。
(2) 放射線の確率的影響にはしきい線量は存在しないと仮定されている。
(3) 放射線の確率的影響について，横軸に線量を，縦軸に障害の発生頻度をとると，一般にシグモイド曲線になる。
(4) シグモイド曲線とは，波型の曲線を意味する。
(5) 放射線防護の目的として重要なことは，確率的影響の発生を完全になくすことである。

解説

(1) 放射線の確率的影響は，線量に応じて発生頻度が高くなりますが，それとともに障害の程度（重篤度）が変化することはないとされています。確定的影響では，線量に応じて重篤度も上がるとされています。
(2) これは記述のとおりです。放射線の確率的影響にはしきい線量は存在しないと仮定されています。
(3) シグモイド曲線になるのは，確定的影響の場合であって，確率的影響では一次式（直線的関係）になると考えられています。
(4) シグモイド曲線とは，波型の曲線ではなくてS字型曲線を意味します。図をご覧下さい。

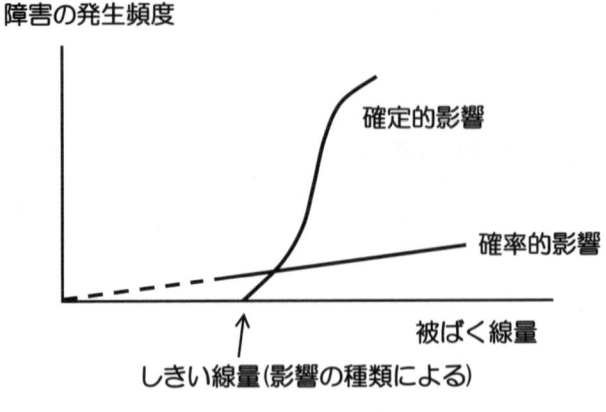

図3-3　線量と放射線影響の関係

(5)　しきい値がないとされていますので，確率的影響の発生を完全になくすことは難しく，確率的影響の発生をできるだけ抑えるために，容認できるレベル以下にできるだけ下げることが重要です。

正解　(2)

標準問題にチャレンジ！

問題4　重要度！！！！

次のAからDの臓器について，エックス線感受性の高い順に並べる時，正しい順に並んでいるものは(1)〜(5)のうちどれか。

　　A：腎臓
　　B：骨髄
　　C：神経細胞
　　D：毛のう

(1)　A→B→C→D
(2)　A→C→D→B
(3)　B→D→A→C
(4)　B→C→A→D
(5)　C→B→D→A

解説

　Bの骨髄は，この中では最も幹細胞の分裂が激しいところです。放射線感受性が最も高くなります。Dの毛のうもそれに次いで細胞分裂が激しく放射線感受性が高くなっています。逆にCの神経細胞は出来上がった組織ですので，放射線感受性は低くなります。Aの腎臓はそれらの中間に位置します。

　正解は，(3)となりますね。このように各臓器や器官の放射線感受性に関する順序の問題はかなり出るところです。よく見ておいて下さい。

　ホルトフーゼン（ドイツ，放射線学者）は再生系，中間系，非再生系に分けて，エックス線感受性の順序を次表のようにまとめています。丸に入った数字は感受性の高さの順序と考えて下さい。

第3章

表 3-1 エックス線感受性の順序

区分	組織・器官	上位組織
再生系	① リンパ組織，骨髄，胸腺，脾臓	造血器官
	② 卵巣	生殖腺
	③ 睾丸	
	④ 粘膜	
	⑤ 唾液腺	
	⑥ 毛のう	皮膚
	⑦ 汗腺，皮脂腺	
	⑧ 皮膚	
中間系	⑨ 漿膜，肺	
	⑩ 腎臓	
	⑪ 副腎，肝（肝臓），膵（すい臓）	
	⑫ 甲状腺	
	⑬ 筋肉	
	⑭ 結合組織，血管	
非再生系	⑮ 軟骨	骨
	⑯ 骨	
	⑰ 神経細胞	神経系
	⑱ 神経線維（神経繊維）	

正解　(3)

問題5　重要度!!!

細胞分裂に関する次の記述のうち，誤っているものはどれか。

(1) 細胞分裂とは，1つの細胞が2つに，2つの細胞が4つにと，その数を増やして増殖することをいう。

2 細胞・組織の放射線感受性と影響の分類

(2) 細胞分裂は，大きく4つの過程を経て行われる。
(3) 細胞分裂の周期は，一般にDNA合成準備期，DNA合成期，細胞分裂準備期，細胞分裂期の4期からなる。
(4) 細胞分裂周期の中で，最も放射線感受性の高い時期はDNA合成期である。
(5) 胎児の細胞は全身で盛んに細胞分裂を繰り返しているが，成人になると盛んに細胞分裂を繰り返す細胞とそうではない細胞とに分かれる。

解 説

(1) 正しい記述です。細胞分裂とは，1つの細胞が2つに，2つの細胞が4つにと，その数を増やして増殖することをいいます。
(2) これも正しい記述です。細胞分裂は，(3)で述べられたように，大きく4つの過程を経て行われます。
(3) やはり正しい記述です。細胞分裂の周期は，一般にDNA合成準備期（G_1期），DNA合成期（S期），細胞分裂準備期（G_2期），細胞分裂期（M期）の4期からなります。
(4) この記述は誤りです。細胞分裂周期の中で，最も放射線感受性の高い時期はDNA合成期ではなくて，細胞分裂期です。
(5) 正しい記述です。胎児の細胞は全身で盛んに細胞分裂を繰り返していますが，成人になると盛んに細胞分裂を繰り返す細胞とそうではない細胞とに分かれます。

正解 (4)

S期のSはSynthesisで合成という意味
M期のMはMitosisで有糸分裂のことです
G_1期やG_2期のGは単にGapということなんですよ

問題6

重要度 !!!

しきい線量に関する次の記述のうち，正しいものはどれか。

(1) しきい線量のある放射線影響を確率的影響，しきい線量のない場合を確定的影響と定義している。
(2) しきい線量は，照射された線量によるものであって，照射の際の線量率の影響は受けない。
(3) しきい線量は，発生や成長の段階や時期によって大きく変わる。
(4) しきい線量がある場合には，しきい線量を超えると失われる細胞が増えて機能障害が起き始めるが，放射線防護上の立場からは，被ばくを受けた人の10～20％に影響が出始める線量をしきい線量として扱っている。
(5) しきい線量とは，これ以上高い線量の放射線を照射しても障害の発生頻度が増加しない線量のことである。

解 説

(1) この記述は逆になっています。正しくは，しきい線量のある放射線影響を確定的影響，しきい線量のない場合を確率的影響と定義しています。
(2) 同じ線量を照射する場合でも，低線量率で長時間照射した場合のほうが，高線量率短時間の照射よりも生体への影響は緩やかなものになります。これは低線量率の場合ほど，細胞の回復効果が大きいためと考えられています。これを線量率効果といっています。
(3) 確定的影響は，細胞死を基礎とする影響です。細胞の放射線感受性（致死感受性）は，細胞分裂が活発な細胞において高いことが知られており，段階や時期によってその影響度は大きく異なります。これが正しい記述です。
(4) 確定的影響は，記述の通り，しきい線量のある場合に，しきい線量を超えますと失われる細胞が増えて機能障害が起き始めますが，放射線防護上の立場からは，統計的に被ばくを受けた人の1～5％に影響が出始める線量をしきい線量として扱っています。10～20％とは大きすぎます。
(5) この記述も誤りです。しきい線量とは，障害の影響が現れる最低の線量のことをいいます。

被ばく線量と障害の発生頻度の関係において，確定的影響と確率的影響を表にまとめますと，次のようになります。

表 3-2　放射線影響としきい線量

影響の種類	確定的影響	確率的影響
しきい線量	存在する	存在しないと見られている
線量の増加により変化する量	発症頻度と症状	発生確率
症状の例	白血球の減少，皮膚の紅斑，脱毛，不妊，白内障，放射線宿酔など	がん，遺伝的影響
放射線防護の主旨	発生の防止	発生の制限

　がんや遺伝的影響には，しきい線量はないと考えられています。正解は(3)となります。

正解　(3)

発展問題にチャレンジ！

問題7　重要度 !!

エックス線の影響に関する次の記述のうち，正しいものはどれか。

(1) 放射線のエネルギーや吸収線量は，高くなるほど細胞の放射線感受性は高くなる。
(2) ある組織に対する放射線の影響は，組織の細胞の大きさと体積が関係する。
(3) 繰り返し放射線を被ばくすると，放射線感受性は低くなる。
(4) 一般的に胎児の細胞は，成人の細胞に比べて感受性が高い。
(5) 昆虫などは，数千Sv以上のエックス線照射でないと死に至らない。

解説

(1) 放射線のエネルギーや吸収線量は，放射線の生物作用の程度に影響する因子ではありますが，高くなるほど放射線感受性が上がるとは単純には言えません。
(2) 組織の細胞の大きさや体積が，放射線感受性に関係することはありません。
(3) 放射線の繰り返し被ばくも放射線の生物作用の程度に影響する因子ですが，繰り返し被ばくによって放射線感受性が（高くなることもありませんが）低くなることはありません。
(4) さかんにDNA合成と細胞分裂が行われる胎児では，成人の細胞に比べて放射線の感受性が高くなっています。これが正しい記述です。
(5) 昆虫などは，哺乳動物の数Svのレベルよりは高い数十Svのエックス線照射で死に至ります。

正解　(4)

問題8　重要度 !

放射線感受性に関する次の記述において，ベルゴニ・トリボンドの法則に合致していないものはどれか。

(1) 小腸のクリプト細胞は，絨毛細胞よりも放射線感受性が高い。
(2) リンパ球は，末梢血液中においても，放射線感受性が高い。

(3) 通常の神経細胞の放射線感受性は低いが，胎児期には高くなっている。
(4) 成人の骨の放射線感受性は低いが，幼児や成長期の子供では高い。
(5) 皮膚の基底細胞は，角質層よりも放射線感受性が高い。

解 説

　ベルゴニとトリボンドというフランスの医学者の研究で，ラットの精巣にガンマ線照射して組織の変化を観察したところ，幼若細胞である精原細胞が最も影響を受けたのに対して，成熟細胞である精子は相対的に抵抗性の高いことが発見されました。このことから，新しい細胞ほど感受性が高く，成熟した細胞ほど感受性が低いことを示していると考えられます。この傾向は，他のケースの実験でも明らかになったので，彼らは次のような**ベルゴニ・トリボンドの法則**を発表しました。
　① 細胞分裂の頻度の高いものほど感受性が高い。
　② 将来行う細胞分裂の数の大きいものほど感受性が高い。
　③ 形態および機能の未分化のものほど感受性が高い。
　この法則は，多くの細胞について原則的に当てはまりますが，あらゆる種類の細胞に適用できるものでもありません。成熟リンパ球などのように，分化して細胞分裂をしなくなっていますが，放射線感受性は高いものもあります。

(1) 小腸のクリプト細胞は，腸腺窩ともいわれ，小腸の他の部分よりも放射線感受性が高くなっています。腺窩に幹細胞があってさかんに細胞分裂をしています。ベルゴニ・トリボンドの法則に合致しています。
(2) 末梢血液中にあるリンパ球は，成熟した細胞であるにもかかわらず，放射線感受性が高くなっています。これは正しい現象の記述ではありますが，分化した細胞は放射線感受性が低いというベルゴニ・トリボンドの法則には合致していないことになります。これがベルゴニ・トリボンドの法則の例外に当たります。
(3) 胎児期では，神経細胞といえども細胞分裂はかなり行われていますので，放射線感受性は高く，ベルゴニ・トリボンドの法則に合致しています。
(4) これも(3)と同様です。ベルゴニ・トリボンドの法則に合致しています。
(5) 皮膚の基底細胞では，表皮細胞の増殖に関与する幹細胞があってさかんに細胞分裂をしています。ベルゴニ・トリボンドの法則に合致しています。

正解　(2)

> ちょっと一休み

光の変換効率

　生物の技術は実に偉大です。人間の技術は生物のそれに比べるとまだまだ劣っているものもかなりあるようですね。発光のためのエネルギー変換効率，つまりエネルギーのうちのどれだけを光に転換できたのかという効率もその例に漏れません。

　ろうそくの場合の変換効率は約4％，白熱電球で約10％だそうです。光にならないエネルギーはほとんど熱になっているだけで，冬の暖房の足しには多少はなるでしょうが，その他では何の役にも立っていません。最近はやりのLED（発光ダイオード）電球では，それが約30％にまで改善されているようですが，蛍の発光効率はなんと約90％なのだそうです。人間の技術もまだまだという感じですね。

> えへん
> ぼくには当分の間
> かなわないだろう

> かなわないや〜

3 エックス線が組織や器官に与える影響

重要度A

基礎問題にチャレンジ！

問題1　重要度!!!

生体内の臓器や器官に関する次の記述のうち，誤っているものはどれか。

(1) 細胞再生系においては，細胞の大もととなる幹細胞があって，これが分裂や分化をしながら幼若細胞を経て成熟細胞となる。
(2) 造血器官には，骨髄，胸腺，脾臓などが含まれる。
(3) 生殖腺には，卵巣や睾丸が含まれる。
(4) 絶えず細胞分裂を行っている臓器・組織には，造血器官，生殖腺，皮膚，水晶体，粘膜，汗腺などがある。
(5) 腸，皮膚，精巣，卵巣，中枢神経系，造血組織などは細胞再生系に分類される。

解説

(1) 記述のとおりです。幹細胞は自己増殖をする細胞ということになります。2つに分かれた幹細胞の一方は再び幹細胞として活動し，分裂したもう一方の細胞は分化し幼若細胞を経て成熟細胞となります。
(2) これも記述のとおりです。骨髄は，赤血球，白血球，血小板などを作り，胸腺は，リンパ球の生成や免疫関係の仕事をします。脾臓は，白血球の生成，老廃血球の破壊，異物や細菌の捕捉，循環血液量の調節などをします。
(3)(4) これらもやはり記述のとおりです。生殖腺には，卵巣や睾丸が含まれます。また，絶えず細胞分裂を行っている臓器・組織には，造血器官，生殖腺，皮膚，水晶体，粘膜，汗腺などがあります。
(5) これは誤りです。これらの中で中枢神経系は放射線感受性の低い細胞非再生系に分類されます。腸(消化管上皮)，皮膚，生殖腺(精巣，卵巣)，造血組織(リンパ組織，骨髄，脾臓，胸腺)は，細胞再生系に分類されます。

正解　(5)

問題2　　　　　　　　　　　　　　　　　　　　　重要度 !!!

次の図は，精子のできる過程を示したものである。図中のAからEはそれぞれの細胞を示すものであるが，それぞれの名称について，正しいものの組合せは(1)～(5)のうちどれか。

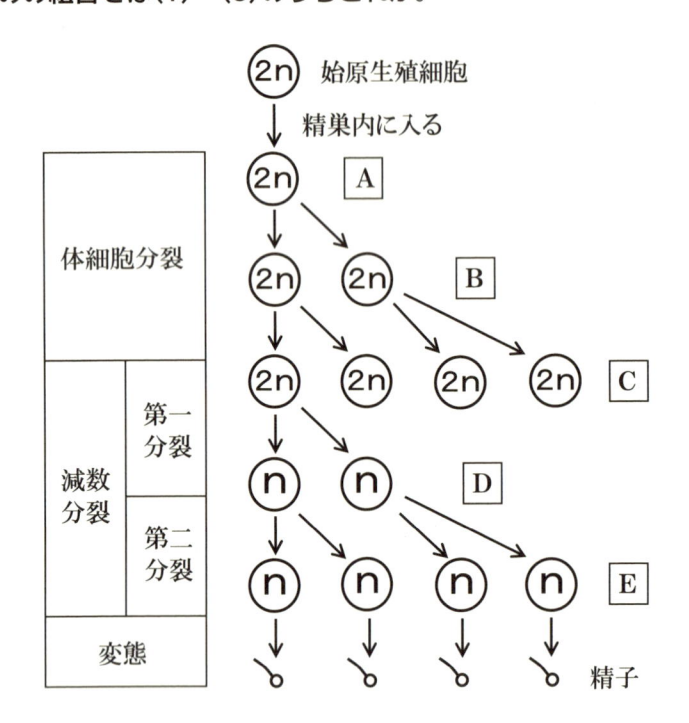

```
        2n  始原生殖細胞
        ↓   精巣内に入る
        2n      A
        ↓  ↘
体細胞分裂
        2n   2n    B
        ↓  ↘ ↓ ↘
        2n   2n   2n   2n   C
減数分裂 第一分裂
        ↓    ↓
        n    n         D
第二分裂
        ↓  ↘ ↓  ↘
        n    n    n    n    E
変態    ↓    ↓    ↓    ↓
        ♂    ♂    ♂    ♂  精子
```

	A	B	C	D	E
(1)	一次精母細胞	二次精母細胞	精原細胞A	精原細胞B	精細胞
(2)	一次精母細胞	二次精母細胞	精細胞	精原細胞A	精原細胞B
(3)	精原細胞A	精原細胞B	一次精母細胞	二次精母細胞	精細胞
(4)	精細胞	精原細胞A	精原細胞B	一次精母細胞	二次精母細胞
(5)	精細胞	一次精母細胞	二次精母細胞	精原細胞A	精原細胞B

解説

精子のできる流れとしては，精原細胞→精母細胞→精細胞(精子細胞)の順

になります。精原細胞には，さらに順に精原細胞Aと精原細胞Bがあり，精母細胞にはさらに一次精母細胞と二次精母細胞とがあります。したがって，正解は(3)となります。

あらためて，正しい図を次に掲げます。放射線感受性の方向性も付け加えておりますので，参照して下さい。

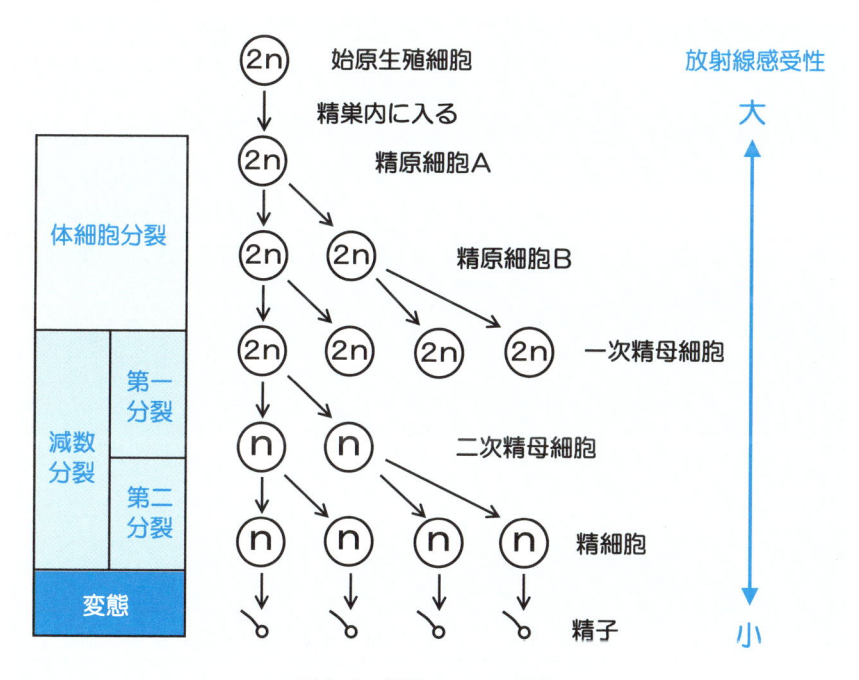

図3-4 精子のできる過程

正解 (3)

問題3 重要度!!!

放射線影響に関する次の記述のうち，誤っているものはどれか。

(1) 生体内の各器官や組織は，再生系，中間系，非再生系に区分される。
(2) 細胞には，幹細胞，幼若細胞，成熟細胞があって，この順に放射線感受性は低くなる。
(3) 動物においては，成長期にはさかんに細胞分裂を行っており，その段階で

は放射線感受性は高くなっているが，成長が止まるとともに放射線感受性は低くなる。しかし，老化するにつれて，再び放射線感受性が高くなる傾向がある。
(4) 生殖腺が被ばくした場合には，身体的影響に加えて，遺伝的影響も発生する可能性がある。
(5) リンパ組織は，骨や神経細胞よりも放射線感受性が低い。

解　説

(1)～(4) これらはそれぞれ記述のとおりです。
(5) リンパ組織は，成熟組織ではありながら，骨や神経細胞よりも放射線感受性はかなり高いです。骨や神経細胞は一般の細胞分裂のない器官の通り放射線感受性が低いです。

正解　(5)

被ばく後のリンパの挙動についてはP136の図をご覧下さい

標準問題にチャレンジ！

問題4　重要度 !!!

血液の被ばくに関する次の文章の下線部の中で誤っているものはどれか。

血液の成分は，まず血球と(1)血漿とに分類される。血球は，白血球，(2)赤血球，(3)血小板からなっており，白血球はさらに顆粒球，リンパ球，および(4)好中球に分けられる。放射線を浴びた際に，血球のうちで最も早く影響を受けるものが白血球で，その中でも(5)リンパ球の減少が目立つ。(5)リンパ球は減少するのは早いが回復は遅いという特徴がある。

解説

白血球は，顆粒球，リンパ球，単球からなっています。(4)の好中球は顆粒球の一部ですので，顆粒球やリンパ球と並べて書くことは正しくありません。次の図をご覧下さい。

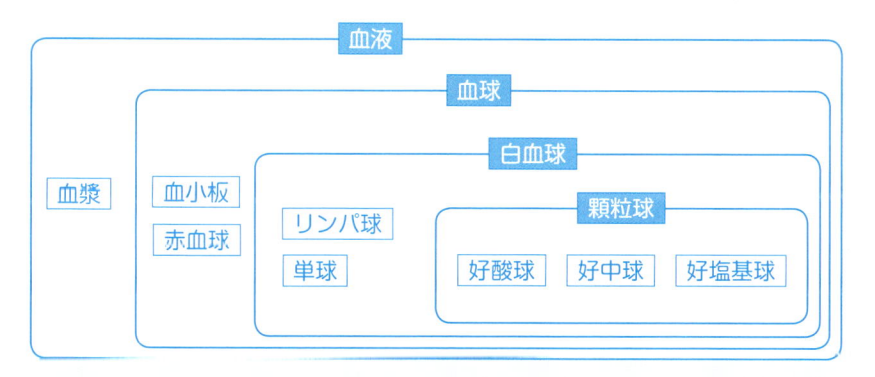

図3-5　血液の構成

血液の成分は，まず血球と血漿とに分類されます。血球は，白血球，赤血球，血小板からなっていて，白血球はさらに顆粒球，リンパ球，および単球に分けられます。放射線を浴びた際に，血球のうちで最も早く影響を受けるものが白血球で，その中でもリンパ球の減少が目立ちます。リンパ球は減少するのは早いが回復は遅いという特徴があります。

この文章の中では，リンパ球の挙動（図3-6）がたいへんに重要ですので，よく見ておいて下さい。

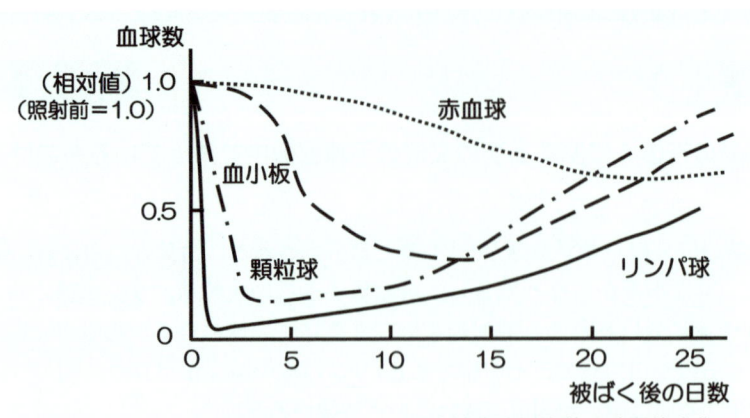

図 3-6　数 Gy の全身被ばく時における末梢血液細胞数の時間的変化

正解　(4)

問題5　　　　　　　　　　　　　　　　　　　　重要度 !!!

放射線影響の潜伏期に関する次の記述のうち，誤っているものはどれか。

(1) 放射線を被ばくしてからその影響が発現するまでの期間を潜伏期という。
(2) 身体的影響は，潜伏期の長さによって，急性障害と晩発障害とに分けられる。
(3) 急性影響の潜伏期の長さは，被ばくした組織や器官の放射線感受性が関係する。
(4) 末梢血液中リンパ球の減少における潜伏期は短く，リンパ球減少は被ばく直後にも確認される。
(5) リンパ球の減少に関する潜伏期は短いので，回復も早い。

解　説

(1)(2)　これらは記述のとおりです。放射線を被ばくしてからその影響が発現するまでの期間を潜伏期といいます。また，身体的影響は，潜伏期の長さによって，急性障害と晩発障害とに分けられます。
(3)　これも記述のとおりです。一般に，被ばくした組織や器官の放射線感受性が高いほど，急性影響の潜伏期は短くなります。

(4) やはり記述のとおりです。末梢血液中リンパ球はすでに分化を終えているものとしては例外的に放射線感受性が高く，発症する期間も短いという特徴があります。

(5) リンパ球の減少に関する潜伏期は短いのですが，回復は逆にかなり遅くなっています。記述は誤りです。

正解 (5)

問題6　重要度!!!

放射線影響に関する次の記述のうち，誤っているものはどれか。

(1) 急性影響の潜伏期の長さは，被ばくした組織の幹細胞が成熟するまでの時間と成熟細胞の寿命とが関係する。
(2) 成人では細胞非再生系に属する組織であっても，胎児や幼児期などの成長期には放射線感受性が高い組織もある。
(3) 骨髄は，肺や腎臓よりも放射線感受性が低い。
(4) 胎内被ばくによって発生した奇形などの障害は，身体的影響として扱われる。
(5) 血管も造血組織も互いに関係する組織ではあるが，放射線感受性は造血組織のほうがはるかに高い。

解説

(1) 記述のとおりです。急性影響では，被ばくした組織の幹細胞が成熟するまでの時間や成熟細胞の寿命が長いものは，潜伏期も長くなる傾向にあります。
(2) これも記述のとおりです。一般に細胞非再生系に属する組織の放射線感受性は低いのですが，胎児や幼児期などの成長期では放射線感受性が高い組織もあります。
(3) 骨髄は幹細胞の分裂が旺盛なので放射線感受性は高いですし，肺や腎臓は細胞分裂はありますが，それほど多くありませんので，放射線感受性は骨髄よりも低いです。この記述が誤りです。
(4) 胎内被ばくによる障害は，被ばくした本人に現れた障害ですので，遺伝的影響ではなくて，身体的影響となります。
(5) これも記述のとおりです。血管も造血組織も互いに関係する組織ではありますが，放射線感受性は造血組織のほうがはるかに高いです。

正解 (3)

発展問題にチャレンジ！

問題7　重要度！

皮膚が 6 Gy 程度のエックス線照射を受けた場合の症状に関する，次の文章の下線部の中で誤っているものはどれか。

6 Gy 程度のエックス線を皮膚に受けた場合には，照射後数時間以内に照射部に軽い紅斑を生じる。これを(1)<u>小紅斑</u>といい，(2)<u>24時間後</u>くらいに最も強く現れ，以降しだいに消退して3～4日後に正常の皮膚に回復する。しかし，(3)<u>7～10日目</u>くらいより再び紅斑を生じて次第に強くなり，14日目くらいに最高潮に達する。これを(4)<u>主紅斑</u>と呼んでいる。(5)<u>28日目頃</u>にはこれも消失する。

解説

照射後数時間以内に照射部に生じる軽い紅斑は，小紅斑とはいいません。早期紅斑と呼ばれています。

6 Gy程度のエックス線を皮膚に受けた場合には，照射後数時間以内に照射部に軽い紅斑を生じます。これを早期紅斑といい，24時間後に最も強く現れ，以降しだいに消退して3～4日後に正常の皮膚に回復します。しかし，7～10日目くらいより再び紅斑を生じて次第に強くなり，14日目くらいに最高潮に達します。これを主紅斑と呼んでいます。28日目頃にはこれも消失します。

正解　(1)

問題8　重要度！

成人の正常な臓器や組織の放射線感受性に関する次の記述のうち，誤っているものはどれか。

(1) 肝臓は，胸腺よりも放射線感受性が高い。
(2) 消化管上皮は，血管よりも放射線感受性が高い。
(3) 生殖腺は，甲状腺よりも放射線感受性が高い。
(4) 腎臓は，神経細胞よりも放射線感受性が高い。
(5) 皮膚上皮は，神経線維よりも放射線感受性が高い。

3 エックス線が組織や器官に与える影響

解　説

　各器官の放射線感受性の序列は頭に入れておきましょう。最初は若干たいへんですが，何度も繰り返し見ていくうちにだんだんと順序が分かってくると思います。形を変えながらもよく出題される問題です。前項2の問題4（P123）の解説もご覧下さい。
　本問に出題されている器官・組織に関して，放射線感受性の順序は次のようになっています。

胸腺＞生殖腺＞消化管上皮（消化管粘膜）＞皮膚上皮＞腎臓＞肝臓＞甲状腺＞血管＞神経細胞＞神経線維

(1)　胸腺は，造血器官であり，再生系細胞の中でも最も放射線感受性が高い細胞の1つです。
(2)～(5)　これらはいずれも記述のとおりです。

正解　(1)

ちょっと一休み

象は超能力生物なのか？

　野生の象（ゾウ）は数キロメートル離れている仲間と情報を共有できているようだと言われています。人間の眼では見えないほど離れている象どうしが，時間を合わせて同じ場所に集まったりするなど，象には超能力があるのではないか，と言われたこともあったようです。そんなことがあるのでしょうか？

　その後の研究で，象は超低周波音を連絡に使えることがわかりました。人間の耳に聞こえるのは 20 ～ 20,000 Hz の音ですが，象は 20 Hz 以下の周波数で会話をするそうです。このような周波数の低い音は，我々の耳では聞こえませんが，減衰しにくく遠くまで届きますので，離れた位置にいる象どうしの連絡には役に立つのでしょう。そして象はその音（音と言うより地響きでしょうか）を足で聞くということもわかっているそうです。

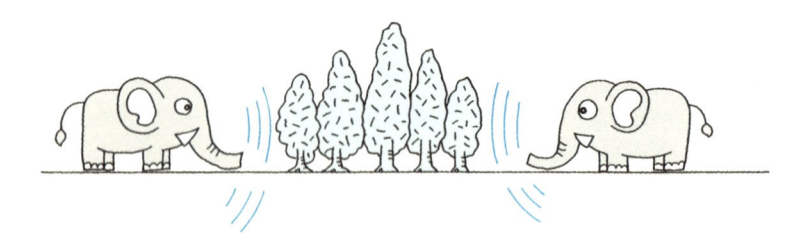

　この象の話とは別ですが，鯨（くじら）の声が海中で数千キロメートルも伝わっているということも知られています。海中にはサウンドチャネルといって音の伝わりやすい層があるそうで，南極の鯨の声が赤道付近にも届いているそうです。もしかすると，南極と北極で鯨が連絡し合っていることがあるかもしれませんね。

4 エックス線が全身に与える影響

重要度B

基礎問題にチャレンジ！

問題1　重要度!!!!

死亡率と線量に関する図のようなグラフについての次の記述のうち，誤っているものはどれか。

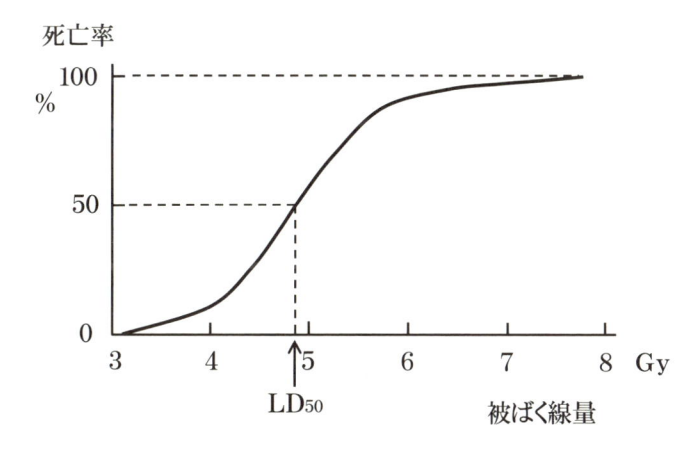

（グラフ：縦軸 死亡率%（0〜100），横軸 被ばく線量（3〜8 Gy），S字状曲線。死亡率50%のところに LD$_{50}$ を示す矢印が約5 Gyの位置にある）

(1) 図のようなS字状の曲線はシグモイドともいわれる。
(2) 線量死亡率曲線は，線量が0 Gyの位置から立ち上がっていないが，これはしきい現象があることを意味している。
(3) 死亡率50％となる線量を半致死線量といい，LD$_{50}$ ともいわれる。
(4) LD$_{100}$ は，全数が死亡する線量なので，全致死線量といわれる。
(5) 人の場合もマウスやモルモットと同様に，一般に観察期間30日以内の死亡率に相当するLD$_{50}$ が用いられる。

解説

動物などが一度に全身に被ばくした場合に，線量がある程度の大きさ以上であれば死に至ります。図のように横軸に全身の照射線量（一回照射）を，縦軸に30日以内に死亡した個体の率をとりますと，一般にS字状の曲線（**線量死**

亡率曲線）になります。グラフ上，被ばく線量の 0 Gy でないところから曲線が立ち上っていることに留意して下さい。これはしきい値（しきい線量）があることを示しています。

死亡率 50％となる線量を LD_{50}（Lethal dose 50％，**半致死線量**）といいます。観察期間 30 日以内の死亡率の場合に，$LD_{50/30}$ と書かれることもあります。全数が死亡する線量は LD_{100}（**全致死線量**）となります。

LD_{50} の値は，動物の種類ごとの放射線感受性を比較する数値ともなっています。一般に小動物では，LD_{50} の値は相対的に大きいとされています。

マウスやモルモットの $LD_{50/30}$ は，おおよそ 6〜7 Gy となっています。人の場合には，骨髄死を起こす期間がより長いことから，観察期間 60 日以内の死亡率として，$LD_{50/60}$ が用いられることが多くなっています。

(1)〜(4) これらはいずれも記述のとおりです。
(5) 人の場合はマウスやモルモットよりも骨髄死を起こす期間がより長いことから，観察期間 60 日以内の死亡率に相当する LD_{50} が用いられます。

正解 (5)

LD_0 というのは
ぜんぜん死なないという量ですね
こういう量がよろしいですね

問題2　　　　　　　　　　　　　　　　　　　　重要度 !!!

エックス線の被ばくに関する次の文章の下線部の中で誤っているものはどれか。

　エックス線の被ばくを受けると，それが全身照射の場合であっても部分照射であっても，局所変化の他に全身的な影響が現れることがある。

　人間の場合には，種々の(1)自覚症状を伴うことが多く，いわゆる飲酒による二日酔の症状に似ていることもあり，(2)宿酔と呼ばれる。(2)宿酔には，一定の(3)潜伏期が見られるが，その長さは被ばくの線量や部位などによって異なる。この症状は個人差が大きいが，少ない線量としては(4)数 Gy 程度の照射で現れることがある。

　自覚症状としては，めまい，頭痛などの一般症状の他に，食欲不振，おう吐，悪心，下痢，(5)腹部膨満感などの胃腸の症状や，不整脈，頻脈，血圧低下，呼吸亢進などの血管症状，不安，不眠，興奮などの精神症状も現れることがある。

解説

　(4)の数 Gy 程度というのは，数値として大きすぎます。少ない線量として現れることがあるレベルは 0.5 Gy 程度です。

　エックス線の被ばくを受けますと，それが全身照射の場合であっても部分照射であっても，局所変化の他に全身的な影響が現れることがあります。

　人間の場合には，種々の自覚症状を伴うことが多く，いわゆる飲酒による二日酔の症状に似ていることもあって，宿酔（しゅくすい）と呼ばれます。宿酔には，一定の潜伏期が見られますが，その長さは被ばくの線量や部位などによって異なります。この症状は個人差が大きいですが，少ない線量としては 0.5 Gy 程度の照射で現れることがあります。

　自覚症状としては，めまい，頭痛などの一般症状の他に，食欲不振，おう吐，悪心，下痢，腹部膨満感（ぼうまんかん）などの胃腸の症状や，不整脈，頻脈，血圧低下，呼吸亢進（こうしん）などの血管症状，不安，不眠，興奮などの精神症状も現れることがあります。

正解　(4)

問題3

重要度 !!!

次に示す放射線障害の中で，晩発障害ではないものはどれか。

(1) 胎児への影響
(2) 再生不良性貧血
(3) 脱毛
(4) 白内障
(5) 皮膚がん

解　説

晩発障害とは，急性被ばくでは生き延びた場合であっても，その後，長期間（数年から，時には数十年）経ってから現れる障害をいいます。内容的には，がん（白血病を含む），白内障，胎児への影響，再生不良性貧血などがあります。(3)の脱毛は晩発障害には含まれません。

正解　(3)

晩発障害に属するものを十分押さえておきましょう
出題されやすいですよ

標準問題にチャレンジ！

問題4　重要度 !!!

晩発障害に関する次の記述のうち，誤っているものはどれか。

(1) 晩発障害は，晩発影響とか晩発性障害ともいうが，ある程度多い線量を浴びた人で急性障害が発症しなかった人や，比較的少ない線量を受けた人，低線量率で繰り返し被ばくした人などが，相当長期間の後に症状が現れる障害をいう。
(2) 晩発障害である白血病は，その他のがんに比べて潜伏期が短いという特徴がある。
(3) 晩発障害には，確率的影響に区分されるものと，確定的影響に区分されるものとがある。
(4) がんについては，しきい線量は存在しないものと仮定されているが，その他の晩発障害ではしきい線量があるとされている。
(5) 晩発障害は，影響を発現させる被ばく線量において，しきい値がないという特徴を持つ。

解説

(1)～(4)　いずれも正しい記述です。
(5)　しきい値がないという特徴は，確率的影響の場合のものです。晩発(性)障害とは直接関係ありません。

正解　(5)

問題5　重要度 !!!

哺乳動物が放射線を浴びた場合，照射線量によって特徴づけられる死の形態がある。次のAからDに入る死の形態についての組合せとして，正しいものは(1)～(5)のうちどれか。

① 10 Gy 程度まで　　　（　A　）
② 10～100 Gy　　　　（　B　）
③ 50～100 Gy 超　　　（　C　）
④ 数 100 Gy 以上　　　（　D　）

	A	B	C	D
(1)	骨髄死	腸死	中枢神経死	分子死
(2)	骨髄死	中枢神経死	腸死	分子死
(3)	骨髄死	腸死	分子死	中枢神経死
(4)	腸死	骨髄死	分子死	中枢神経死
(5)	腸死	分子死	骨髄死	中枢神経死

解説

表3-3 急性死の様式

様　式	照射線量/Gy	状　　態
分子死	数100以上	生体を構成する重要分子の変性によって，被ばく後数時間以内に死亡します。
中枢神経死	50～100超	被ばく直後に脳の中枢神経に異常が起き，線量の大きさによって人間では1～5日で死に至ります。照射後の症状としては，異常運動，けいれん発作，麻痺（しびれること，感覚がなくなること），後弓反張（けいれんなどによって全身が後方弓形にそりかえる状態），震せん（震顫，震えること）などの神経症状が起きます。
腸死（消化管死）	10～100	全身あるいは腹部への照射によって，胃腸に障害が起こります。腸の幹細胞が障害を受け，腸粘膜の欠落から，脱水，下痢，潰瘍，下血が現れ，敗血症（血液中に化膿菌などが侵入して毒素を出す疾病）によって死亡します。動物種ごとにほぼ一定の生存時間となり，マウスでは3.5日効果と呼ばれます。人間では10～20日程度です。
骨髄死（造血死）	2～10	骨髄などの造血臓器で幹細胞や幼若細胞の分裂が停止し，白血球や血小板が減少して，細菌感染による敗血症や出血などの症状が出ます。生存期間は，マウスで10日から1ヶ月，人間で30～60日です。半致死線量（LD_{50}）の被ばくでは，この骨髄死が死因となります。
回復	2以下	一時的に造血機能が低下しても，生き残った幹細胞の増殖で短時間に回復します。ただ，晩発障害として，平均寿命の短縮や白血病のようながんが起こる危険性はあります。

4 エックス線が全身に与える影響

急性死の様式として，エックス線を大量に被ばくした場合の死に至る形にいくつかのものがあります。線量の大きさによっていくつかの区分がありますが，哺乳動物では，人間でもマウスでもほぼ同様で，死亡原因が表3-3のようなパターンに分かれます。正解は(1)となりますね。

正解　(1)

問題6　重要度 !!!

放射線の影響に関する次の記述のうち，正しいものはどれか。

(1) 身体的影響のうち，晩発性の障害は，すべて確率的影響に区分される。
(2) 急性放射線症候群は，4期からなる特異な症状で，初期，潜伏期，増悪期，回復期からなる。
(3) 全身に対する確率的影響の程度は，等価線量によって評価される。
(4) 胎内被ばくによる胎児への影響のうち，奇形発現は確率的影響に分類される。
(5) 人間に関するこれまでの知見から，放射線によるがんの発生にはしきい線量が存在しないことが確認されている。

解説

(1) 身体的影響のうちでも，白内障は晩発性障害であって，確定的影響に区分されています。
(2) これが正しい記述です。「増悪期」であって「憎悪期」でないことにご注意下さい。「憎む」ではなくて「増える」のですね。
(3) 全身に対する確率的影響の程度は，等価線量ではなくて，実効線量によって評価されます。
(4) 胎児への影響のうち，奇形発現は確率的影響ではなくて，確定的影響に分類されます。
(5) 「放射線によるがんの発生にはしきい線量が存在しない」ということは，結論にはなっていません。専門家でも意見が分かれています。国際放射線防護委員会は，安全サイドの立場から，「放射線によるがんの発生にはしきい線量が存在しないものと仮定する」という立脚点に拠って線量限度の設定を行っているのです。

正解　(2)

発展問題にチャレンジ！

問題7　　　　　　　　　　　　　　　　　　　重要度 !

　LD_{50} に関する次の文章の A から C に入る適切な語句の組合せとして，正しいものは(1)～(5)のうちどれか。

　人間の LD_{50} は正確にはわからないが，おおよそ ＿A＿ 程度と考えられている。哺乳動物の LD_{50} は動物の種類によるが，＿B＿ 程度のようであり，一般には小さな動物のほうが LD_{50} は ＿C＿ とされている。

	A	B	C
(1)	3～5 Gy	2～5 Gy	小さい
(2)	1～2 Gy	2～15 Gy	小さい
(3)	3～5 Gy	2～15 Gy	大きい
(4)	3～5 Gy	2～5 Gy	大きい
(5)	1～2 Gy	2～15 Gy	大きい

解説

　人間の LD_{50} は 3～5 Gy 程度とされていて，哺乳動物一般には 2～15 Gy という範囲が認められています。小さな動物のほうが LD_{50} は大きい傾向にあります。

　正解は(3)ということになります。

正解　(3)

問題8　　　　　　　　　　　　　　　　　　　重要度 !

　図はマウスの全身に大きな線量のエックス線を，一回照射した後の平均生存日数（縦軸）と線量（横軸）との関係を対数目盛で表したものである。

　図中における（A）～（C）の領域に関する次の記述のうち，誤っているものはどれか。

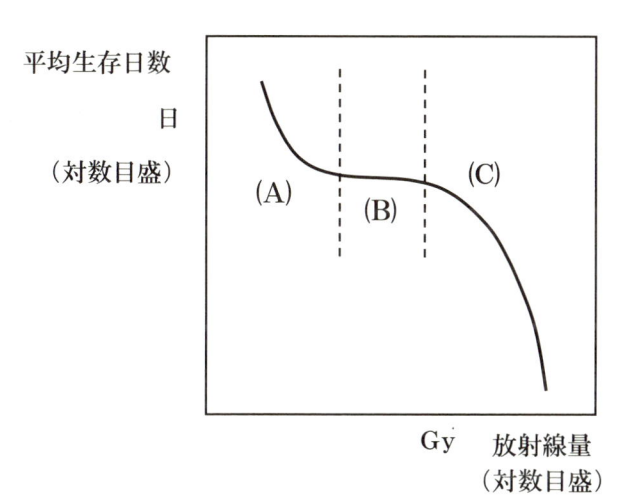

4　エックス線が全身に与える影響

(1) (A) の領域における主な死因は，造血臓器の障害であり，(C) の領域のそれは，中枢神経障害である。
(2) (B) の領域における平均生存日数はおよそ数日であって，線量に関わらずほぼ一定であるという傾向がある。
(3) $LD_{50/30}$ に相当する線量は，(B) の領域に存在する。
(4) (A) の領域よりもさらに線量の低い領域では，死に至らずに障害が回復する。
(5) (C) の領域における平均生存日数はおよそ1日程度である。

解説

形を変えながらも極めてよく出題される問題です。図の意味と数字の傾向，そして，それぞれの領域の主たる死因を押さえておきましょう。それぞれの領域の死因は，(A) は骨髄死，(B) は腸死，(C) は中枢神経死とされています。

(1)(2)　それぞれ正しい記述です。
(3)　$LD_{50/30}$ は30日以内に対象集団の半数が死に至る線量のことで，$LD_{50/30}$ に相当する線量は，3領域の中では最も平均生存日数の長い (A) の領域になります。

(4)(5) これらも記述のとおりです。(A) の領域よりもさらに線量の低い領域では，死に至らずに障害が回復します。また，(C) の領域における平均生存日数はおよそ1日程度です。

> 骨髄死や中枢神経死は
> 線量が変化すると
> 平均生存日数が大きく変わるけど
> 腸死の場合には
> あまり変化しないのが
> 特徴ですね

正解 (3)

> ここまでの学習，
> たいへんにお疲れさまでした！
> あと残す科目は関係法令だけですね
> 最後のひとふんばりをお願いしますね

第4章

関係法令

日本にはたくさんの法律がありますがエックス線に関する法律にはどんなものがあるのでしょうか

1 管理区域および線量限度

重要度B

基礎問題にチャレンジ！

問題1　重要度!!!

次の文章は電離放射線障害防止規則の第2条第1項の条文である。AからDに入るべき適切な語句の組合せは(1)～(5)のうちどれか。

この省令で「　A　」(以下「放射線」という。)とは，次の　B　又は電磁波をいう。
一　　C　，重陽子線及び陽子線
二　ベータ線及び電子線
三　中性子線
四　　D　及びエックス線

	A	B	C	D
(1)	電離放射線	粒子線	アルファ線	ガンマ線
(2)	電離放射線	ビーム	アルファ線	ガンマ線
(3)	電離放射線	粒子線	ガンマ線	アルファ線
(4)	電解放射線	粒子線	アルファ線	ガンマ線
(5)	電解放射線	ビーム	ガンマ線	アルファ線

解説

法律の中でも，第1条と第2条だけは，一言一句正しく覚えられるくらい何度も見ておきましょう。似たような用語でも法律で用いられている用語が正解となるのです。「粒子線」と「ビーム」は，意味としては似たようなものではないか，と思われるかもしれませんが，仮にそうであっても法律で用いられている用語が正解なのです。

ということで，Aは「電離放射線」，Bは「粒子線」，Cは「アルファ線」，Dは「ガンマ線」となります。正解は(1)ですね。

正解　(1)

1　管理区域および線量限度　　153

問題2　　重要度 !!!

図は放射線関係分野における法律の体系をまとめたものである。
(1)〜(5)のうちで不適切なものはどれか。

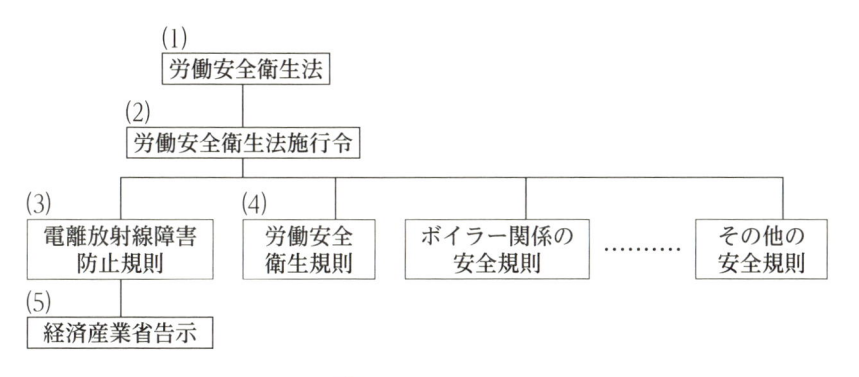

```
(1) 労働安全衛生法
   │
(2) 労働安全衛生法施行令
   ├──────────┬──────────┬─────────┐
(3)│        (4)│           │          │
電離放射線障害  労働安全      ボイラー関係の  ……  その他の
防止規則      衛生規則      安全規則          安全規則
(5)│
経済産業省告示
```

解　説

　法律には，一般に次の5段階があるとされています。憲法について皆さんはよくご存じですが，基本法はその分野の憲法ともいうべきものと思って下さい。

憲法　－　基本法　－　一般法　－　施行令（政令）　－　施行規則（省令）

　放射線の安全に関する分野において，基本法は定められておりませんので，**労働安全衛生法**が，一般法ではありますが，基本法の性格を帯びていると考えられます。一般法の下にその法律の施行令が位置して，さらにその下に施行規則がくるのが通例です。施行規則の下に「告示」というものがある場合もあります。

　本問では(5)が経済産業省告示となっていますが，この放射線の安全に関する一連の法律は，厚生労働省の所管ですので，「経済産業省告示」は誤りです。正しくは「厚生労働省告示」となるべきところです。

　正しい体系を次に示します。

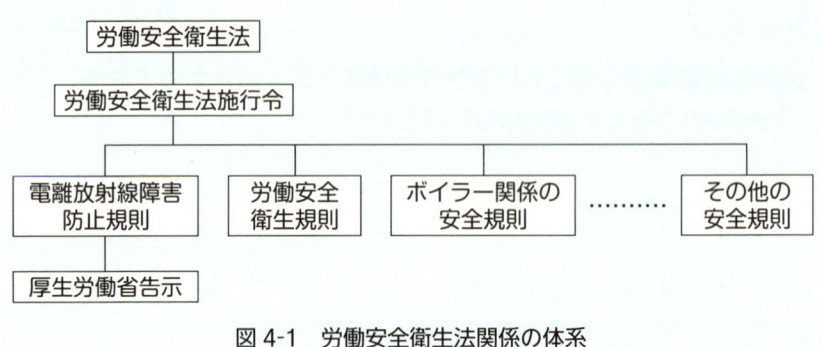

図 4-1 労働安全衛生法関係の体系

正解 (5)

問題3　重要度!!!

管理区域に関する次の文章の下線部の中で誤っているものはどれか。

管理区域とは，(1) 外部放射線による (2) 実効線量と空気中の放射性物質による (2) 実効線量との合計が，(3) 1 ヶ月につき (4) 1.3 mSv を超えるおそれのある区域である。また，その区域は標識によって明示し，(5) 必要ある者以外の者の立入りは禁止される。

解説

(3)の 1 ヶ月というのは誤りです。ここは 3 ヶ月でなければなりません。

管理区域とは，外部放射線による実効線量と空気中の放射性物質による実効線量との合計が，3 ヶ月につき 1.3 mSv を超えるおそれのある区域です。

また，その区域は標識によって明示し，必要ある者以外の者の立入りは禁止されます。

正解 (3)

標準問題にチャレンジ！

問題4　重要度!!!

ある年に，それまでの合計線量として 20 mSv の被ばくを受けている男性の放射線業務従事者が，緊急作業によって 3 日間に 15 mSv の被ばくを受けた。この従事者がその年の残る期間に受けることが許される線量当量の値として，正しいものは次のうちどれか。

(1)　5 mSv
(2)　10 mSv
(3)　15 mSv
(4)　20 mSv
(5)　25 mSv

解説

放射線業務従事者の被ばく限度の基準を次表に示します。これによりますと，男性，あるいは妊娠しない女性の基準限度は 100 mSv/5 年，かつ，50 mSv/年となっています。この数値は覚えておくのがよいでしょう。

表 4-1　放射線業務従事者の被ばく限度

作業区分	被ばく対象	線量限度区分	性別	基準限度
一般作業	作業全般	実効線量限度	男性，妊娠しない女性	100 mSv/5 年，かつ，50 mSv/年
			妊娠可能女性	5 mSv/3 月
	眼の水晶体	等価線量限度	男女とも	150 mSv/年
	皮膚			500 mSv/年
	腹部表面	等価線量限度	妊娠と診断された女性	2 mSv/妊娠中
	内部被ばく	実効線量限度		1 mSv/妊娠中
緊急作業	作業全般	実効線量限度	男性，妊娠しない女性	100 mSv/作業中
	眼の水晶体	等価線量限度	男性，妊娠しない女性	300 mSv/作業中
	皮膚	等価線量限度	男性，妊娠しない女性	1 Sv/作業中

したがって，この年の積算線量を 50 mSv に抑えることが必要ですので，限

度値の 50 mSv から，これまでに受けた 20 mSv と緊急作業によって受けた 15 mSv を引いて，次のようになります。

　　$50 - 20 - 15 = 15\,\text{mSv}$

正解　(3)

問題 5 　重要度 !!!

次の A から E までの事項のうち，管理区域内の労働者が見やすい箇所に掲示しなければならないものの組合せは(1)～(5)のうちどれか。

　A：電離放射線に関する健康診断書の写し
　B：管理区域内で受けた一年間の外部被ばく線量の合計値
　C：放射性物質の取扱い上の注意事項
　D：事故が発生した場合の応急の措置
　E：放射線測定器の装着に関する注意事項

(1)　A，B，C
(2)　A，B，D
(3)　B，C，D
(4)　B，C，E
(5)　C，D，E

解説

管理区域に掲示する事項は次の 3 項目となっています。
a）放射線測定器の装着に関する注意事項
b）放射性物質の取扱い上の注意事項
c）事故が発生した場合の応急の措置
　したがって，正解は(5)となります。これらの項目は確認しておきましょう。

正解　(5)

問題 6 　重要度 !

放射線業務従事者の被ばく限度について，作業区分と線量限度区分の組合せとして誤っているものはどれか。

(1) 作業全般（実効線量限度）
(2) 眼の水晶体（等価線量限度）
(3) 皮膚（等価線量限度）
(4) 腹部表面（実効線量限度）
(5) 内部被ばく（実効線量限度）

解説

(4)の腹部表面は，実効線量限度ではなくて，等価線量限度となります。その他の組合せについては，正しいものとなっています。問題4の解説に載せました表のとおりです。確認しておいて下さい。

正解 (4)

発展問題にチャレンジ！

問題7　　　　　　　　　　　　　　　　　　　　　重要度！

　放射線業務従事者の被ばく限度に関する次の記述において，正しいものはどれか。

(1) 皮膚に受ける等価線量限度は，妊娠可能な女性の場合において，3ヶ月で5 mSvとなっている。
(2) 妊娠と診断された女性が，腹部表面に受ける実効線量限度は，妊娠期間中で2 mSvとなっている。
(3) 緊急作業に従事する間に受ける等価線量限度は，男性および妊娠しない女性について，作業期間中に100 mSvとなっている。
(4) 緊急作業に従事する間に眼の水晶体に受ける等価線量限度は，男性および妊娠しない女性について，作業期間中に300 mSvとなっている。
(5) 緊急作業に従事する間に皮膚に受ける等価線量限度は，妊娠と診断された女性の場合，作業期間中に1 Svである。

解　説

　実効線量は，発がんや遺伝的影響などのようなしきい値をもたない（あるいはもたないと仮定されている）確率的影響を評価するための量で，これに対して，等価線量は，皮膚障害や白内障のように発症にしきい値を持つとされている確定的影響を評価するのに用いられます。この問題は，数値が頭に入っていないと解きにくい問題ですね。

(1) 皮膚に受ける等価線量限度は，男女ともに，正しくは500 mSv/年となっています。
(2) 少し難しい問題ですが，腹部表面に受ける線量限度は，実効線量限度ではなくて，等価線量限度です。妊娠期間中で2 mSvというのは正しい数値です。
(3) 緊急作業に従事する間に受ける線量限度は，実効線量限度です。
(4) これは記述のとおりです。緊急作業に従事する間に眼の水晶体に受ける等価線量限度は，男性および妊娠しない女性について，作業期間中に300 mSvとなっています。
(5) 妊娠と診断された女性の場合，緊急作業の限度規定はありません。基本的に妊娠と診断された女性だけでなく，妊娠の可能性のある女性は緊急作業に従事させません。

正解　(4)

問題8　重要度 !!!

次に電離則第9条の第1項および第2項の条文を示すが，その下線部の中で誤っているものは(1)～(5)のうちどれか。

事業者は，一日における外部被ばくによる線量が(1) <u>1 cm 線量当量</u>について(2) <u>1 mSv</u> を超えるおそれのある労働者については，外部被ばくによる線量の測定の結果を毎日確認しなければならない。

また，事業者は，測定又は計算の結果に基づき，放射線業務従事者の線量を，遅滞なく，(3) <u>厚生労働大臣</u>が定める方法により算定し，これを記録し，これを(4) <u>20 年間</u>保存しなければならない。ただし，当該記録を(5) <u>5 年間</u>保存した後において，(3) <u>厚生労働大臣</u>が指定する機関に引き渡すときは，この限りでない。

解説

測定又は計算の結果に基づいた放射線業務従事者の線量記録は，20 年ではなくて，30 年の保管義務があります。(4)が誤りとなります。

事業者は，一日における外部被ばくによる線量が 1 cm 線量当量について 1 mSv を超えるおそれのある労働者については，外部被ばくによる線量の測定の結果を毎日確認しなければなりません。

また，事業者は，測定又は計算の結果に基づき，放射線業務従事者の線量を，遅滞なく，厚生労働大臣が定める方法により算定し，これを記録し，これを 30 年間保存しなければなりません。ただし，当該記録を 5 年間保存した後において，厚生労働大臣が指定する機関に引き渡すときは，この限りではありません。

正解 (4)

ぼくらのような理系人間には法律の勉強はなじみがないものでねぇ

しかし，試験は受けにゃならんので工夫してみないとね
1）まずは，どの法律でも
　第1条の目的と第2条の用語の定義は一番重要ですね
　ここだけは，一字一句何度も繰り返して覚えるくらいのことが必要でしょうね
2）その法律の制度がどのようなものからできているか
　体系的に系統樹のように書きだして理解したいですね
3）それぞれの決まりを5W1Hの形で理解しましょう
　たとえば，お役所への届け出に必要なことは・・・など
4）問題意識を持って条文を読みましょう
　法律の文章は読みにくいので，過去問などにあたって何が分かればいいのかを考えて読むと，意外とすんなりと読めるのですね

ちょっと一休み

イースター島のモアイ

　皆さんの中にはモアイという大きな像のことをご存知の方もおられると思います。あの大きな像は誰が造ったのでしょう。当初，イースター島を発見したヨーロッパ人は，「とても現地の人には造れない。そんな文明を持っているはずがない」と思い，高度な遺跡を残した古代文明の名残りと考え，その考えが世界に広まったようです。

　しかし，その後よく調べてみたところ，間違いなく現在住んでいる人たちの祖先が造ったものだったそうです。

　では，なぜそのような文明もないと見られた人たちの先祖があんな巨像を造ることができたのでしょう。実は，イースター島には5世紀くらいからおそらく東洋人と思われる人々が住みつき，豊富な森の資源をもとに畑を作り鶏を飼い，舟も作って漁業をしたりして豊かな文明を築いていたことがわかったのです。淡路島より小さい島に，最盛期には一万人ほどの人が豊かな暮らしをしていたようなのです。さらに，森の木を切り出して巨石像を造り，神を敬う生活に入った後，ついに島の木を切り尽して島が荒れてしまい，舟も作れず漁をすることもかなわなくなって，食糧を奪い合い，恒常的な戦争になり，敗者を奴隷にしたり，果ては食人の風習まで生まれたりという悲惨な世界になったようで，人口も3,000人を割ってしまいました。さらに，悪いことには発見したヨーロッパ人が持ち込んだ病気で人口はより減ってしまったということです。

　資源を使い尽くしてしまったイースター島のお話が，今の地球の将来を暗示していないことを願いたいですね。

2 外部放射線の防護および緊急措置

重要度A

基礎問題にチャレンジ！

問題1

重要度!!!

次の文章は，電離則第14条の条文である。(A)～(C)に入るべき適切な用語の組合せは(1)～(5)のうちどれか。

事業者は，エックス線装置または機器について，その　A　に応じ，それぞれ定められた　B　を明記した標識を，当該装置もしくは機器またはそれらの　C　の見やすい場所に掲げなければならない。

	A	B	C
(1)	区分	注意事項	保管場所
(2)	区分	掲示事項	付近
(3)	区分	取扱事項	設置場所
(4)	種類	注意事項	付近
(5)	種類	掲示事項	保管場所

解説

Aが区分，Bが掲示事項，Cは付近となります。したがって(2)が正解となりますね。

事業者は，エックス線装置または機器について，その区分に応じ，それぞれ定められた掲示事項を明記した標識を，当該装置もしくは機器またはそれらの付近の見やすい場所に掲げなければなりません。

正解　(2)

問題2

重要度!!

放射線装置に関する次の文章の下線部の中で誤っているものはどれか。

放射線装置を設置する専用室を(1)放射線装置室という。放射線装置のための専用の室を設けなくてもよいのは，次の場合である。

- その外側における外部放射線による (2) 70 μm 線量当量率が (3) 20 μSv/h を超えないように (4) 遮へいされた構造の放射線装置を設置する場合
- 放射線装置を随時 (5) 移動させて使用しなければならない場合
- その他放射線装置を (1) 放射線装置室内に設置することが，著しく，使用の目的を妨げ，若しくは作業の性質上困難である場合

解説

放射線装置を設置する専用室を放射線装置室といいます。放射線装置のための専用の室を設けなくてもよいのは，次の場合です。
- その外側における外部放射線による 1 cm 線量当量率が 20 μSv/h を超えないように遮へいされた構造の放射線装置を設置する場合
- 放射線装置を随時移動させて使用しなければならない場合
- その他放射線装置を放射線装置室内に設置することが，著しく，使用の目的を妨げ，若しくは作業の性質上困難である場合

すなわち，(2) の 70 μm 線量当量率は誤りで，ここは 1 cm 線量当量率が用いられます。

放射線装置室も重要で試験に出やすいので，よく見ておいて下さい。

正解　(2)

問題3　重要度！！！

図は照射野と受像面の関係を示したものである。(1)～(5)のうち，誤っているものはどれか。

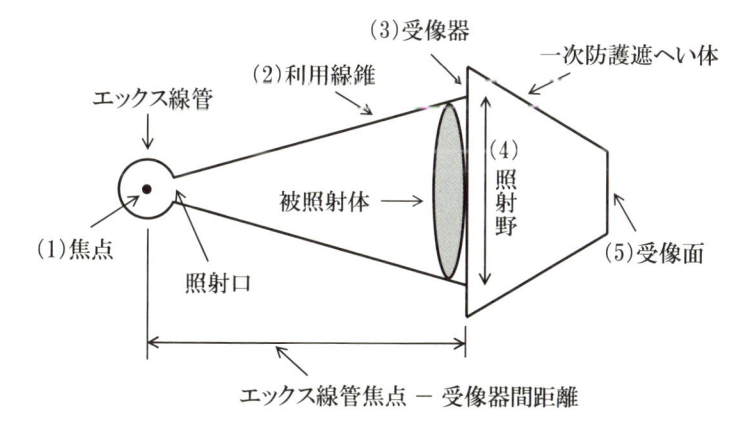

解　説

　(5)の箇所は受像面ではありません。受像器自体は，(3)〜(5)の機器と言えますが，正しく受像面を示している矢線はむしろ(3)の部分です。
　正しい図を示しますと，次のようになります。

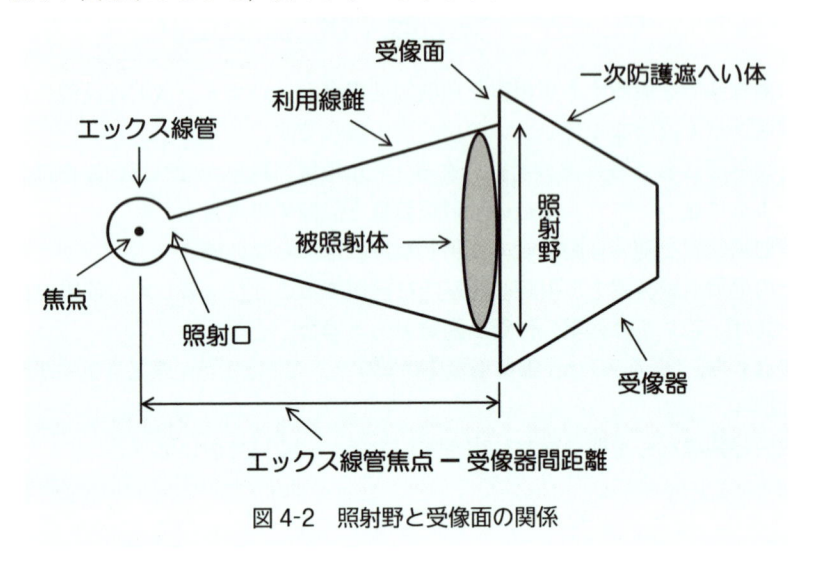

図 4-2　照射野と受像面の関係

正解　(5)

標準問題にチャレンジ！

問題4　重要度 !!

労働安全衛生法施行令第13条第3項第22号に，特定エックス線装置の定義があるが，その条文を以下に掲げる。A～Cに入る正しい用語の組合せは(1)～(5)のうちどれか。

特定エックス線装置とは，　A　による　B　が　C　以上のエックス線装置（エックス線又はエックス線装置の研究又は教育のため，使用のつど組み立てるもの及び薬事法第2条第4項に規定する厚生労働大臣が定める医療機器を除く）をいう。

	A	B	C
(1)	波高値	定格管電圧	10 kV
(2)	波高値	定格管電圧	20 kV
(3)	波高値	定格管電流	10 kA
(4)	波低値	定格管電圧	10 kV
(5)	波低値	定格管電流	20 kA

解説

労働安全衛生法施行令第13条第3項第22号により，特定エックス線装置の定義は，波高値による定格管電圧が10 kV以上のエックス線装置とされています。したがって，(1)が正解となります。

正解　(1)

問題5　重要度 !

放射線装置室に関する次の記述のうち，法令上正しいものはどれか。

(1) エックス線装置の外側における外部放射線による1 cm線量当量率が50 μSv/hを超えないように遮へいされた構造を有するエックス線装置については，放射線装置室を設けなくてもよい。

(2) 定格管電圧が200 kVを超えるエックス線装置を放射線装置室の中で使用する際には，エックス線装置に電力が供給されていることを自動警報装置に

(3) 放射線装置室を新たに設置しようとする事業者は，工事を開始する30日前までにその計画を労働基準監督署長に届け出なければならない。
(4) 既設の放射線装置室に，新たにエックス線装置を設置しようとする事業者は，工事を開始する14日前までにその計画を都道府県労働局長に届け出なければならない。
(5) 放射線装置室を廃止した場合には，工事終了後14日以内に，所轄労働基準監督署長に届け出なければならない。

解説

(1) 1 cm 線量当量率が 50 μSv/h ではなくて，20 μSv/h を超えないように遮へいされた構造を有するエックス線装置の場合に，放射線装置室を設けなくてもよいことになっています。
(2) 定格管電圧が「200 kV を超える」ではなくて 150 kV を超えるエックス線装置の場合，エックス線装置に電力が供給されていることを自動警報装置によって関係者に周知させる措置を講じることになっています。
(3) これは正しい記述です。放射線装置室を新たに設置しようとする事業者は，工事を開始する30日前までにその計画を労働基準監督署長に届け出なければなりません。
(4) エックス線装置の設置も放射線装置室の新設と同様で，工事開始日の30日前までに労働基準監督署長に届け出なければなりません。
(5) 廃止した場合の届け出については，法律上の定めはありません。

正解　(3)

問題6　重要度!!!

外部放射線の防護に関する次の記述のうち，法令に違反するものはどれか。

(1) 装置の外側での外部放射線に起因する 1 cm 線量当量率が 20 μSv/h を超えないよう遮へいされた構造のエックス線装置を，屋外で使用する。
(2) 分析に用いる特定エックス線装置によって行う作業において，軟線を利用したいために，ろ過板を使用しないで用いる。

(3) 放射線装置室以外の場所で工業用のエックス線装置を使用する際，被照射体から5m以内の労働者が立ち入ることを禁止されている場所には，その旨を標識で明示している。
(4) 屋外で工業用のエックス線装置を使用する際，その装置のエックス線管の焦点から5m以内の場所のうち，外部放射線による実効線量が1週間につき1mSv以下になる場所については，労働者の立ち入りを禁止していない。
(5) 広い放射線装置室において，スペースがあるので，超音波探傷法を用いた非破壊検査に，そのスペースを用いた。

解説

(1) 電離則第15条，ただし書きに該当していますので法的に正しいことです。
(2) 電離則第11条，ただし書きに該当しています。これも法的に正しいことになります。
(3) 電離則第18条により正しいです。
(4) これも電離則第18条によって正しいことになります。
(5) これは法的に誤りです。放射線装置室において，放射線と無関係の機器を使用してはなりません。

正解 (5)

放射線装置室で，別なことをしてはいけないのですね

発展問題にチャレンジ！

問題7   重要度 !

　一定の条件にあるエックス線装置には，その装置に電力が供給されている際に，自動警報装置を用いて警報しなければならないが，その条件に該当するものは次の選択肢のうちどれか。

選択肢	定格管電圧	用途	使用箇所
(1)	100 kV	医療用	屋外
(2)	100 kV	工業用	放射線室
(3)	200 kV	工業用	放射線室以外
(4)	250 kV	工業用	放射線室
(5)	250 kV	医療用	放射線室以外

解 説

関係する法律条文は，電離則第17条第1項です。

> **警報装置等**
> **電離則第17条**　事業者は，次の場合には，その旨を関係者に周知させる措置を講じなければならない。この場合において，その周知の方法は，その放射線装置を放射線装置室以外の場所で使用するとき，又は管電圧150kV以下のエックス線装置若しくは数量が400GBq（ギガベクレル）未満の放射性物質を装備している機器を使用するときを除き，自動警報装置によらなければならない。
> 一　エックス線装置又は荷電粒子を加速する装置に電力が供給されている場合
> 二　エックス線管若しくはケノトロンのガス抜き又はエックス線の発生を伴うこれらの検査を行う装置に電力が供給されている場合
> 三　放射性物質を装備している機器で照射している場合
> 2　略

　つまり，放射線装置室以外の場所で使用するときは除外されますので，(1)，(3)および(5)が外れます。また，管電圧150 kV以下のエックス線装置も除外され，(2)も外れます。工業用であるか医療用であるかは，問われていません。結局，(4)が残ります。

正解　(4)

問題 8　　　　　　　　　　　　　　　　　　　　　　　　重要度 !

エックス線装置を放射線装置室以外に設置した際，立入禁止区域を設けることとなっている。次のような条件が分かっている場合の立入禁止区域としてどれが適切であるか。

ただし，太線の同心円はエックス線管の焦点の位置（×）を中心とするもので，D は直径である。

また，細線の楕円は，外部放射線による実効線量が一定の線を示しており，□で囲んでいる数値の線を意味している。

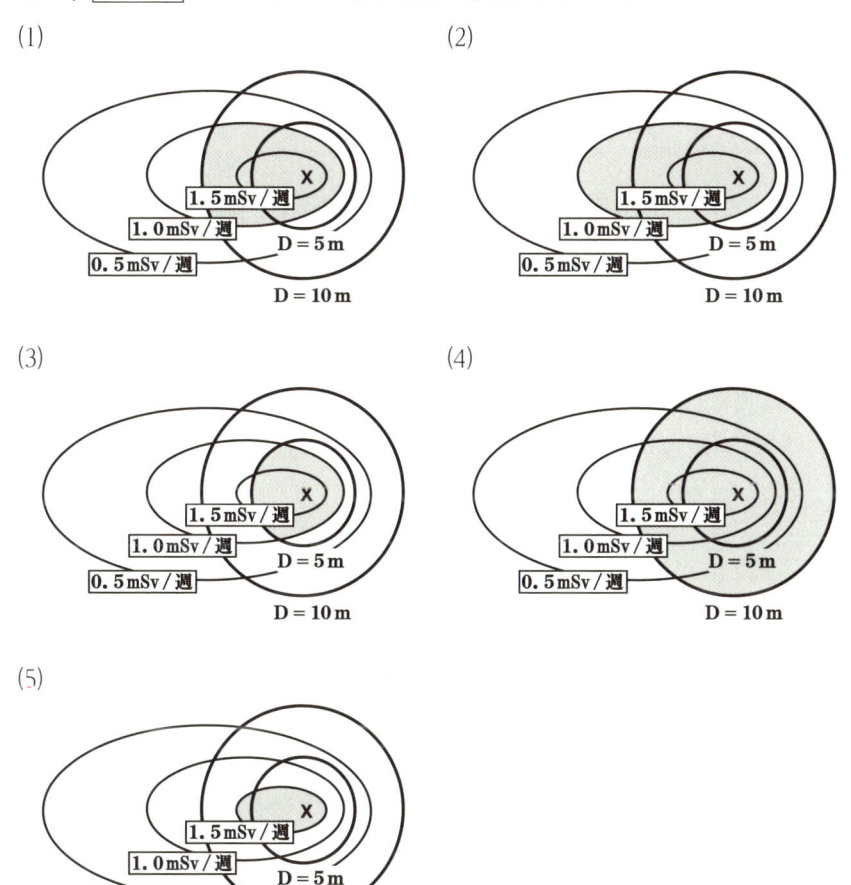

(1)

1.5 mSv/週
1.0 mSv/週
0.5 mSv/週
D = 5 m
D = 10 m

(2)

1.5 mSv/週
1.0 mSv/週
0.5 mSv/週
D = 5 m
D = 10 m

(3)

1.5 mSv/週
1.0 mSv/週
0.5 mSv/週
D = 5 m
D = 10 m

(4)

1.5 mSv/週
1.0 mSv/週
0.5 mSv/週
D = 5 m
D = 10 m

(5)

1.5 mSv/週
1.0 mSv/週
0.5 mSv/週
D = 5 m
D = 10 m

解　説

　立入禁止区域は，エックス線管の焦点から5m以内（直径10m以内）の距離であって，かつ，外部放射線による実効線量が1週間につき1mSvを超える範囲となります。

　したがって，(1)が正解です。仮に5m以内の距離であっても，実効線量が1週間につき1mSv以内であれば，立入禁止区域にはなりません。

正解　(1)

ちょっと一休み

盟神探湯とは？

　日本の古代の裁きの方法に盟神探湯（くがたち）というものがあります。裁判の被告（被疑者）の手を熱湯の中に入れさせて，熱傷（やけど）をすれば有罪，無事ならば無罪というものです。「そんな馬鹿な！」と思われるかも知れませんね。ところが，完璧かどうかは別として，一応科学的な理屈があるというのです。

　一般に無罪の人はおとなしくゆっくりとお湯の中に手を入れていきますので，手の周囲にあって手のたんぱく質分子に束縛されて動きの鈍い水分子による境膜（境界層）ができ，その部分の温度が熱湯よりやや低くなるという理屈です。これに対して，有罪の人は身に覚えがあるので「ばれたらどうしよう」と震（ふる）えながら手を入れるので境膜が薄くなって熱傷しやすいといいます。果たして，皆さんはこの話を信じますか？

　これによく似た話で，盟神探湯の理屈とはまた別なのですが，古代アフリカに「裁（さば）きの豆」という裁判の方法があったといいます。
　毒素を含むカラバルという豆を使った方法で，この豆を被疑者に飲ませて，中毒死したら有罪，生き延びたら無罪ということです。
　この話の解説としては，無罪の人は「私は無罪だから大丈夫だ」と思って一気に飲み込んでしまい，その毒で気持ちが悪くなってすぐに吐き出してしまうそうで，そのため死に至らないそうです。
　それに対して，真犯人は「死んだらどうしよう」とおそるおそる飲むので，毒がゆっくり作用してしまい吐き出すことにならず，最終的に毒が全身に回って死んでしまうということです。

3 エックス線作業主任者および作業環境測定

重要度B

基礎問題にチャレンジ！

問題1

重要度!!!!

エックス線を扱うA工場では，管理区域が3ヶ所あり，そのうち1ヶ所では4組三交代を組んだ業務を行っている。A工場においてエックス線作業主任者は，何人の選任を必要とするか。

(1) 2人
(2) 3人
(3) 4人
(4) 5人
(5) 6人

解 説

エックス線作業主任者は，管理区域ごとに選任することになっていますので，三交代で作業をする職場などでは各直ごとに，また2ヶ所以上の管理区域で作業を行う時は各管理区域ごとに選任することになります。

この問題では，三交代をしている区域では4組ごとに1人必要なので4人，その他の2ヶ所にそれぞれ1人ずつの選任が必要となりますので，正解は(5)の6人となります。

正解 (5)

問題2

重要度!!!!

法律で定められたエックス線作業主任者の職務として，不適切なものはどれか。

(1) 管理区域や立入禁止区域の標識が適正であるかの点検
(2) 照射筒，しぼり，および，ろ過板が，適切に使用されているかどうかの点検

(3) 照射開始前及び照射中，立入禁止区域に人が立ち入っていないことを確認すること
(4) 放射線業務従事者の受ける線量が少なくなるように調整すること
(5) 管理区域の整理整頓をすること

解説

正解は(5)です。整理整頓をしてはいけないということではありませんが，法律で定められたエックス線作業主任者の職務にはなっていません。

電離則第47条を要約しますと，エックス線作業主任者の職務は，次のようになります。

a) 第3条第1項（管理区域）または第18条第4項（立入禁止区域）の標識が適正に設けられているかどうか点検して，規定に適合するように措置します。
b) 照射筒，しぼり，または，ろ過板が，適切に使用されているかどうか点検して措置します。
c) 第12条（間接撮影），第13条（透視），そして，第18条の2（放射線装置室以外の場所での使用）について適正かどうかを点検して，措置します。
d) 放射線業務従事者の受ける線量ができるだけ少なくなるように照射条件等を調整します。
e) 第17条（自動警報装置）の措置がその規定に適合して講じられているかどうかを点検して，措置します。
f) 照射開始前及び照射中，第18条第1項の場所（立入禁止区域）に労働者が立ち入っていないことを確認します。
g) 放射線測定器が，最も放射線にさらされるおそれのある個所につけられているかどうかを点検して，措置します。

正解 (5)

問題3　重要度 !!!

エックス線装置を用いて放射線業務を行う作業場の作業環境測定に関する次のAからDまでの記述について，正しいものの組合せは(1)～(5)のうちどれか。

A 作業環境測定を行った際には，測定日時，測定方法，放射線測定器の種類，型式および性能，測定箇所，測定条件，測定結果，測定を実施した者の氏名，測定結果に基づいて実施した措置の概要を記録しなければならない。
B 測定の結果は，見やすい場所に掲示する等の方法によって，管理区域に立ち入る労働者に周知させなければならない。
C 測定を行ったときには，その結果を所轄労働基準監督署長に報告しなければならない。
D 測定の結果については，所定の事項を記録し，10年間の保存をしなければならない。

(1) A，B
(2) A，C
(3) A，D
(4) B，C
(5) B，D

解 説

正しい選択肢は(1)となりますので，AおよびBが正しい記述となっています。

A 法的に正しい記述です。作業環境測定を行った際には，測定日時，測定方法，放射線測定器の種類，型式および性能，測定箇所，測定条件，測定結果，測定を実施した者の氏名，測定結果に基づいて実施した措置の概要を記録しなければなりません。
B これも法的に正しい記述です。測定の結果は，見やすい場所に掲示する等の方法によって，管理区域に立ち入る労働者に周知させなければなりません。
C これは誤りです。測定結果を所轄労働基準監督署長に報告する義務はありません。
D これも誤りです。測定結果について，所定の事項を記録し，10年間ではなくて，5年間の保存をしなければならないことになっています。

正解 (1)

標準問題にチャレンジ！

問題4　重要度 !!!

エックス線作業主任者の選任および免許について，正しいものはどれか。

(1) エックス線作業主任者には第1種および第2種の2区分がある。
(2) 事業者は，エックス線装置の使用やエックス線の発生を伴う当該装置の検査の業務については，エックス線作業主任者免許を受けた者のうちから，管理区域ごとに，エックス線作業主任者を選任しなければならない。
(3) エックス線作業主任者は管理区域ごとに1人選任する必要があるので，三交代の部署でも管理区域につき1人の選任で構わない。
(4) 空港等におけるハイジャック防止用手荷物検査装置においても，エックス線作業主任者の選任が必要である。
(5) エックス線作業主任者免許の有効期限は，5年となっているので，そのつど更新を要する。

解説

法律上の責任者という立場であるエックス線作業主任者には，次のような選任条項があります。

> **エックス線作業主任者の選任**
> **電離則第46条**　事業者は，令第6条第5号に掲げる作業については，エックス線作業主任者免許を受けた者のうちから，管理区域ごとに，エックス線作業主任者を選任しなければならない。

ここでいう令とは，労働安全衛生法施行令のことで，その第6条第5号をまとめますと次のようになります。

a) エックス線装置の使用，または，エックス線の発生を伴う当該装置の検査の業務
b) エックス線管もしくはケノトロンのガス抜きまたはエックス線の発生を伴うこれらの検査の業務

(1) エックス線作業主任者の資格には区分はありません。
(2) これが正しい記述です。
(3) 三交代の部署では，各直ごとに1人が必要です。4組三交代であれば4

人が必要となります。
(4) 遮へいによって，装置の外部が管理区域とならず，また，検査する者の手や指などを内部に入れることなく検査を行いうるものについては，主任者の選任は必要ありません。空港等におけるハイジャック防止用手荷物検査装置（エックス線透視）においても，エックス線作業主任者の選任は必要ありません。
(5) エックス線作業主任者免許の有効期限については，特段の定めはありません。したがって，更新は必要ありません。

正解　(2)

問題5　重要度!!!

エックス線作業主任者の選任に関する次の記述のうち，正しいものはどれか。

(1) エックス線作業主任者は，事業場に対して1名以上選任しなければならない。
(2) エックス線作業主任者を選任した場合には，14日以内に所轄の労働基準監督署長に届け出なければならない。
(3) エックス線回折装置を用いて行う分析業務については，エックス線作業主任者を選任しなければならない。
(4) 一つの管理区域で3基のエックス線装置を使用する場合には，少なくとも3人のエックス線作業主任者を選任しなければならない。
(5) 定格管電圧が1,000 kV以上のエックス線装置を用いて行う業務においては，エックス線作業主任者を選任しなければならない。

解説

(1) エックス線作業主任者は，事業場に対してではなくて，管理区域ごとに1名以上選任しなければなりません。
(2) エックス線作業主任者は選任する義務がありますが，届け出の義務までは規定されていません。
(3) これは記述のとおりです。エックス線回折装置を用いて行う分析業務については，エックス線作業主任者を選任しなければなりません。
(4) 管理区域ごとに選任すればよいので，機器ごとに選任するのではありませ

ん。
(5) 定格管電圧が1,000 kV以上のエックス線装置については、エックス線作業主任者の範囲を超えます。これは放射線取扱主任者の範囲になります。

正解 (3)

問題6　重要度!!

エックス線作業主任者の職務に関する次の記述において、正しいものはどれか。

(1) エックス線作業主任者は、透視撮影の業務に対して、エックス線照射野が受像面を超えないようにしなければならない。
(2) エックス線作業主任者の資格のない者が、エックス線装置を使用してはならない。
(3) エックス線作業主任者の職務の一つとして、エックス線装置を用いて行う透過写真撮影の業務に従事する労働者に対して特別の教育を行うことがある。
(4) 定格管電圧が10 kV未満のエックス線装置を用いて行う業務においては、エックス線作業主任者を選任する必要はない。
(5) エックス線装置の自動警報装置に関するものは、エックス線作業主任者の職務ではない。

解説

(1) 正しい記述です。エックス線作業主任者は、透視撮影の業務に対して、エックス線照射野が受像面を超えないようにしなければなりません。
(2) エックス線作業主任者は装置の使用のための資格ではありません。安全を管理するための資格という位置づけです。
(3) エックス線装置を用いて行う透過写真撮影の業務に従事する労働者に対する特別教育は、エックス線作業主任者の職務として規定されておりません。
(4) 定格管電圧が1,000 kV以下のエックス線装置を用いて行う業務においては、エックス線作業主任者を選任する必要があります。下限は規定されていません。小さい装置でも安全管理は重要です。
(5) 自動警報装置について取られている措置がその規定に適合して講じられているかどうかを点検して措置することがエックス線作業主任者の職務です。

正解 (1)

発展問題にチャレンジ！

問題7　重要度 !

エックス線装置を用いて行う透過写真の撮影業務に従事する場合，事業者は特別に定められた教育を実施しなければならない。透過写真撮影業務特別教育規程で定められた規定として，誤っている下線部はどれか。

科　目	範　囲	時　間
透過写真の撮影の作業の方法	作業の手順，電離放射線の測定，被ばく防止の方法，事故の措置	1時間30分以上
エックス線装置の構造および取扱いの方法	エックス線装置の原理，エックス線装置のエックス線管，高電圧発生器および制御器の構造および機能，エックス線装置の操作および点検	(1) 1時間30分以上
(2) 電離放射線の生体に与える影響	電離放射線の種類および性質，電離放射線が生体の細胞，組織，器官および全身に与える影響	(3) 1時間30分以上
(4) 関係法令	労働安全衛生法，労働安全衛生法施行令，労働安全衛生規則および電離放射線障害防止規則中の関係条項	(5) 1時間以上

解　説

特別教育の科目と実施内容は透過写真撮影業務特別教育規程（昭和50年労働省告示）で次表のように定められています。

表4-2　透過写真撮影業務における特別教育規程

科　目	範　囲	時　間
透過写真の撮影の作業の方法	作業の手順，電離放射線の測定，被ばく防止の方法，事故の措置	1時間30分以上
エックス線装置の構造および取扱いの方法	エックス線装置の原理，エックス線装置のエックス線管，高電圧発生器および制御器の構造および機能，エックス線装置の操作および点検	1時間30分以上
電離放射線の生体に与える影響	電離放射線の種類および性質，電離放射線が生体の細胞，組織，器官および全身に与える影響	30分以上
関係法令	労働安全衛生法，労働安全衛生法施行令，労働安全衛生規則および電離放射線障害防止規則中の関係条項	1時間以上

3　エックス線作業主任者および作業環境測定　179

これによりますと,「電離放射線の生体に与える影響」という科目は, 大事ではあることは間違いないですが, 上から2科目までのものほど時間をかけなくてもよいことになっているようです。正解は(3)となります。

正解　(3)

問題8　重要度!!

作業環境測定に関する次の記述のうち, 誤っているものはどれか。

(1) 作業環境測定を行うべき作業場は, エックス線装置を使用する業務を行う作業場のうち, 管理区域に相当する部分である。
(2) 作業環境測定を行ったときは, 測定結果に加えて, 測定条件や測定方法も記録しなければならない。
(3) 作業環境測定を行ったときは, 測定器の種類, 型式, 性能も記録しなければならない。
(4) 管理区域において作業環境測定を行った場合には, すみやかに所轄労働基準監督署長に報告をしなければならない。
(5) 作業環境測定の結果は, 一定の事項を記載して, 5年間保存しなければならない。

解説

(1)〜(3)　これらはいずれも正しい記述となっています。作業環境測定を行うべき作業場は, エックス線装置を使用する業務を行う作業場のうち, 管理区域に相当する部分です。また, 作業環境測定を行ったときは, 測定結果に加えて, 測定条件や測定方法, 測定器の種類, 型式, 性能も記録しなければなりません。
(4)　作業環境測定の結果報告は, 義務づけられていません。
(5)　これは正しい記述です。作業環境測定の結果は, 一定の事項を記載して, 5年間保存しなければなりません。

正解　(4)

4 健康診断および安全衛生管理体制

重要度C

基礎問題にチャレンジ！

問題1   重要度！！！

電離放射線に係る健康診断結果に関する次の記述のうち，正しいものはどれか。

(1) 電離放射線健康診断において異常の所見があると診断された労働者につき医師の意見を聞くことは6ヶ月以内に行わなければならない。
(2) 電離放射線に関する定期健康診断において医師が必要でないと認める場合には，「被ばく歴の有無の調査及びその評価」を除く他の検査項目の全部または一部について省略することが可能である。
(3) 放射線業務の経験のない者を雇い入れて放射線業務に就業させる場合の健康診断において，医師が必要でないと認める場合には，「赤血球数の検査及び血色素量又はヘマトクリット値の検査」を除く他の検査項目の全部または一部について省略することが可能である。
(4) 所轄労働基準監督署長に電離放射線健康診断結果報告書を提出する際には，定期健康診断の場合には提出が必要であるが，雇入れあるいは配置替えの際に行った健康診断についても提出は必要である。
(5) 雇入れ時の健康診断において，健康診断実施日の前1年間に5mSvを超える被ばくのない労働者については，「被ばく歴の有無の調査及びその評価」を除く他の検査項目の全部または一部について省略することが可能である。

解説

(1) 電離放射線健康診断の結果に基づいて医師の意見を聞くことは，「6ヶ月以内」ではなくて，3ヶ月以内に行わなければなりません。
(2) これが正しい記述です。電離放射線に関する定期健康診断において医師が必要でないと認める場合には，「被ばく歴の有無の調査及びその評価」を除く他の検査項目の全部または一部について省略することが可能です。
(3) 放射線業務の経験のない者を雇い入れて放射線業務に就業させる場合の健

康診断において，医師が必要でないと認める場合に省略できる項目は，「赤血球数の検査及び血色素量又はヘマトクリット値の検査」ではなくて，（使用する線源の種類等に応じて，ですが）「白内障に関する眼の検査」です。

(4) 所轄労働基準監督署長に電離放射線健康診断結果報告書を提出する際には，定期健康診断の場合には必要ですが，雇入れあるいは配置替えの際に行った健康診断については必要ありません。電離則第58条で，提出しなければならないものは，「健康診断（定期のものに限る）」とあります。

ここで，電離則第56条第1項の規定を掲げておきます。

> 事業者は，放射線業務に常時従事する労働者で管理区域に立ち入るものに対し，雇入れ又は当該業務に配置替えの際及びその後6月以内ごとに1回，定期に，次の項目について医師による健康診断を行わなければならない。
> 一　被ばく歴の有無（被ばく歴を有する者については，作業の場所，内容及び期間，放射線障害の有無，自覚症状の有無その他放射線による被ばくに関する事項）の調査及びその評価
> 二　白血球数及び白血球百分率の検査
> 三　赤血球数の検査及び血色素量又はヘマトクリット値の検査
> 四　白内障に関する眼の検査
> 五　皮膚の検査

(5) この規定は，定期健康診断に限るとされています。雇入れ時の健康診断は対象になりません。電離則第56条第4項の規定は次のようになっています。

> 健康診断（定期に行わなければならないものに限る。）を行おうとする日の属する年の前年1年間に受けた実効線量が5mSvを超えず，かつ，当該健康診断を行おうとする日の属する1年間に受ける実効線量が5mSvを超えるおそれのない者に対する当該健康診断については，同項第2号から第5号までに掲げる項目は，医師が必要と認めないときには，行うことを要しない。

正解　(2)

問題2 重要度 !!

　エックス線による非破壊検査業務に従事する労働者30人を含む400人の労働者を常時使用する製造業の事業場の安全衛生管理体制に関する次の記述のうち，正しいものはどれか。

(1) 総括安全衛生管理者を選任しなければならない。
(2) 事業場に専属の産業医を選任しなければならない。
(3) 衛生管理者を3人以上選任しなければならない。
(4) 衛生管理者のうち少なくとも1人を専任の衛生管理者としなければならない。
(5) 安全衛生推進者を選任しなければならない。

解説

(1) これは正しい記述です。300人以上の労働者を常時使用する事業場では総括安全衛生管理者を選任しなければなりません。
(2) これは誤りです。50人以上の労働者を常時使用する事業場では産業医を選任しなければなりませんが，専属の産業医選任は1,000人以上の場合となります。
(3) これも誤りです。201人以上で500人以下の場合には，衛生管理者を2人以上選任します。
(4) やはり誤りです。有害業務従事者30人以上を含む501人以上の場合に，専任の衛生管理者を要します。
(5) これも誤りです。安全衛生推進者の選任が必要な事業場は，10人以上，50人未満の場合です。

正解 (1)

問題3 重要度 !!

　事業者が，放射線業務に常時従事する労働者で管理区域に立ち入るものに対し，雇入れ又は当該業務に配置替えの際及びその後6月以内ごとに1回，定期に，行わなければならない医師による健康診断の項目として定めのないものはどれか。

(1) 皮膚の検査
(2) 緑内障に関する眼の検査
(3) 白血球数及び白血球百分率の検査
(4) 被ばく歴の有無の調査及びその評価
(5) 赤血球数の検査及び血色素量又はヘマトクリット値の検査

解説

　(2)の緑内障に関する眼の検査は規定にありません。あるのは，白内障に関する眼の検査です。

　電離則第 56 条第 1 項を，問題 1 の解説に掲げていますので参照して下さい。

正解　(2)

標準問題にチャレンジ！

問題4　重要度!!!

電離放射線に係る健康診断結果に関する次の記述のうち，正しいものはどれか。

(1) 放射線業務に常時従事する労働者で管理区域に立ち入る作業者は，1年以内ごとに1回，定期的に健康診断を受ける必要がある。
(2) 管理区域に一時的に立ち入るが放射線業務に従事していない労働者についても定期的な健康診断が必要である。
(3) 事業者は，電離放射線健康診断の結果，放射線による障害が生じており，若しくはその疑いがあり，又は放射線による障害が生ずるおそれがあると認められる者については，その障害，疑い又はおそれがなくなるまで，就業する場所又は業務の転換，被ばく時間の短縮，作業方法の変更等健康の保持に必要な措置を講じなければならない。
(4) 電離放射線健康診断個人票は，例外を除いて，20年間保存する義務がある。
(5) 電離放射線に係る健康診断結果の報告書は，所轄都道府県労働局長に提出する。

解説

(1) 「1年以内ごと」は誤りです。放射線業務に常時従事する労働者で管理区域に立ち入る作業者は，6ヶ月以内ごとに1回，定期的に健康診断を受ける必要があります。
(2) 管理区域に一時的に立ち入るが放射線業務に従事していない労働者については，定期的な健康診断は必要とされていません。
(3) 正しい記述です。事業者は，電離放射線健康診断の結果，放射線による障害が生じており，若しくはその疑いがあり，又は放射線による障害が生ずるおそれがあると認められる者については，その障害，疑い又はおそれがなくなるまで，就業する場所又は業務の転換，被ばく時間の短縮，作業方法の変更等健康の保持に必要な措置を講じなければなりません。
(4) 「20年」ではありません。例外を除いて，電離放射線健康診断個人票は30年間保存することになっています。長期間経って発症することをカバーするためにはその程度の期間が必要です。

(5) 電離放射線健康診断結果報告書は，都道府県労働局長ではなくて，所轄労働基準監督署長に提出します。

正解 (3)

問題5　重要度!!

次の表は1,000人を超える事業場における安全衛生管理体制をまとめたものである。下線部の中で不適切なものはどれか。

名　称	事業場規模（常時労働者の数）
総括安全衛生管理者	(1)1,000人を超える場合，すべての業種で選任
衛生管理者	1,001～2,000人：衛生管理者4人以上が必要（うち1人は専任）
	2,001～3,000人：衛生管理者5人以上が必要（うち1人は専任）
	3,001人～　　　：衛生管理者6人以上が必要（うち1人は専任）
	有害業務(2)30人以上を含んで1,000人を超える場合：衛生管理者3人以上が必要(うち1人は専任，1人は(3)第1種衛生管理者から選任)
産業医	（エックス線などの有害業務従事者(4)500人以上を含む）専属で選任
	3,001人～：(5)2人以上の産業医が必要
衛生委員会	設置が必要

解説

(3)は第1種衛生管理者ではなくて，衛生工学衛生管理者から選任します。
安全衛生の管理体制を整理してみます。

表4-3　安全衛生管理体制（1,000人までの事業場）

名　称	事業場規模（常時労働者の数）
総括安全衛生管理者	製造業では300人以上で選任
衛生管理者	50～200人　　　：衛生管理者1人以上が必要
	201～500人　　：衛生管理者2人以上が必要
	501～1,000人：衛生管理者3人以上が必要
	有害業務30人以上を含む501人以上：衛生管理者3人以上が必要（うち1人は専任，1人は衛生工学衛生管理者から選任）
産業医	50人以上で選任
	エックス線などの有害業務従事者500人以上：専属で選任
衛生委員会	50人以上で設置が必要
安全衛生推進者	10人以上50人未満で専属者が必要

表4-4 安全衛生管理体制（1,000人を超える事業場）

名　称	事業場規模（常時労働者の数）
総括安全衛生管理者	1,000人を超える場合，すべての業種で選任
衛生管理者	1,001～2,000人：衛生管理者4人以上が必要（うち1人は専任）
	2,001～3,000人：衛生管理者5人以上が必要（うち1人は専任）
	3,001人～　　　：衛生管理者6人以上が必要（うち1人は専任）
	有害業務30人以上を含んで1,000人を超える場合：衛生管理者3人以上が必要（うち1人は専任，1人は衛生工学衛生管理者から選任）
産業医	（エックス線などの有害業務従事者500人以上を含む）専属で選任
	3,001人～　　　：2人以上の産業医が必要
衛生委員会	設置が必要

表4-5 安全衛生管理体制（元方事業者を含む複数事業者）

名　称	事業場規模（常時労働者の数）
統括安全衛生責任者	50人以上（一部の業種では30人以上）で選任
安全衛生責任者	統括安全衛生責任者が選任された場合に，各事業者ごとに選任

正解　(3)

専属と専任とは似たような言葉だけど意味は，少し違うんですね

専任と選任もまぎらわしいですね

専属とはその組織に100%所属していることで，専任とは業務のすべてがその仕事であること…なんですね

問題6

重要度 !

産業医の数の規定としてまとめた次の表において，不適切な下線部はどれか。

事業場の規模と状態	産業医の数と規定
常時(1) 100 人以上の労働者	(2) 1 人以上の産業医選任が必要
常時(3) 1,000 人以上の労働者	1 人以上の専属の産業医選任が必要
エックス線等の有害業務従事者 500 人以上	1 人以上の専属の産業医選任が必要
常時(4) 3,000 人を超える労働者	(5) 2 人以上の産業医選任が必要

解説

(1)の常時 100 人以上というのは誤りで，正しくは常時 50 人以上です。規定されている数値は結構出題されますので，確認しておいて下さい。

正しい表として次にまとめます。

表 4-6 産業医の数の規定

事業場の規模と状態	産業医の数と規定
常時 50 人以上の労働者	1 人以上の産業医の選任が必要
常時 1,000 人以上の労働者	1 人以上の専属の産業医選任が必要
エックス線などの有害業務従事者 500 人以上	1 人以上の専属の産業医選任が必要
常時 3,000 人を超える労働者	2 人以上の産業医選任が必要

正解 (1)

発展問題にチャレンジ！

問題7　重要度 !!!

安全衛生管理体制に関する次の記述において，誤っているものはどれか。

(1) 労働基準監督署長は，労働災害を防止するため必要があると認めるときは，事業者に対し，衛生管理者の増員又は解任を命ずることができる。
(2) 衛生管理者免許には第1種衛生管理者免許，第2種衛生管理者免許，および，衛生工学衛生管理者免許がある。
(3) 1,000人を超えて2,000人以下の労働者が常時働いている事業場においては，4人の衛生管理者を選任する必要があり，かつ，そのうちの1人以上は専任でなければならない。
(4) 総括安全衛生管理者を選任すべき事業場は，業種区分ごとに最低の労働者人数が異なるが，一般の製造業においては，100人以上の場合に総括安全衛生管理者を選任すべきとされている。
(5) 統括安全衛生責任者は，請負事業者と発注元事業者とがある場合などの企業集団において，一番上の発注元の事業者に置くべき安全衛生責任者である。

解説

(1)(2)　どちらも正しい記述です。労働基準監督署長は，労働災害を防止するため必要があると認めるときは，事業者に対し，衛生管理者の増員又は解任を命ずることができます。また，衛生管理者免許には第1種衛生管理者免許，第2種衛生管理者免許，および，衛生工学衛生管理者免許があります。

表4-7　常時使用する労働者数と衛生管理者の数

常時使用する労働者数	衛生管理者の数
50人以上，200人以下	1人以上
200人を超え，500人以下	2人以上
500人を超え，1,000人以下	3人以上
1,000人を超え，2,000人以下	4人以上（うち1人以上は専任）
2,000人を超え，3,000人以下	5人以上（うち1人以上は専任）
3,000人を超える	6人以上（うち1人以上は専任）

(3) 記述のとおりです。常時使用する労働者数と衛生管理者の数を表4-7にまとめます。
(4) 製造業では「100人以上」でなくて，300人以上の場合となっています。以下，表にまとめてみますと，

表4-8 総括安全衛生管理者を選任すべき事業場と労働者数

業　　種	選任すべき事業場の労働者数
林業，鉱業，建設業，運送業，清掃業	100人以上
製造業，電気業，ガス業，熱供給業，水道業，通信業，各種商品卸売業，同小売業，家具・建具・什器等卸売業，同小売業，燃料小売業，旅館業，ゴルフ場業，自動車整備業，機械修理業	300人以上
その他の業種	1,000人以上

(5) 記述のとおりです。統括安全衛生責任者と総括安全衛生管理者とは，似ていますが，別なものですので，ご注意下さい。

正解　(4)

問題8　重要度 !

　エックス線による検査業務を行っている事業所において，安全衛生管理体制に関する次の記述のうち，法令上正しいものはどれか。
　ただし，業種は製造業とし，労働者数はいずれも常時雇用する数であるとする。

(1) 40人の労働者を使用する事業場では，産業医の選任が義務づけられている。
(2) 50人の労働者を使用する事業場では，第1種衛生管理者免許，または，第2種衛生管理者免許を有する者の中から衛生管理者を選任しなければならない。
(3) 100人の労働者を使用する事業場では，安全委員会と衛生委員会を設置しなければならない。
(4) 100人の労働者を使用する事業場では，安全衛生推進者を置かねばならない。
(5) 250人の労働者を使用する事業場では，総括安全衛生管理者を選任しなければならない。

解説

(1) 産業医の選任は，常時 50 人以上の労働者を使用する事業場で義務づけられています。
(2) 製造業の 50 人の労働者を使用する事業場の場合には，次の表のように，第 1 種衛生管理者免許，衛生工学衛生管理者免許，または，厚生労働省令で定める資格という条件で，衛生管理者を選任しなければなりません。

表4-9　業種区分と選任すべき衛生管理者

業種区分	選任すべき衛生管理者
農林畜水産業，鉱業，建設業，製造業，電気業，ガス業，水道業，熱供給業，運送業，自動車整備業，機械修理業，医療業，清掃業	第 1 種衛生管理者免許， 衛生工学衛生管理者免許， または，厚生労働省令で定める資格
その他の業種	第 1 種衛生管理者免許， 第 2 種衛生管理者免許， 衛生工学衛生管理者免許， または，厚生労働省令で定める資格

(3) 正しい記述です。衛生委員会は 50 人以上，安全委員会は業種によって 50 人以上の場合と 100 人以上の場合とがあります。
(4) 安全衛生推進者は，衛生管理者の選任が必要のない中小規模事業場の安全衛生水準の向上を目的として，常時 10 人以上 50 人未満の労働者を使用する事業場について，選任が義務づけられています。
(5) 製造業の場合には，300 人以上の労働者を使用する事業場で総括安全衛生管理者を選任しなければなりません。

正解　(3)

第5章

模擬問題と解説

さて，頑張って模擬問題を解いてみますか

試験時間内で挑戦するかどうかは貴君の現状と相談されるのがよろしいでしょう

実際の試験時間は次の表のようになっていますよ

試験時間

区分	科目	4科目受験者	1科目免除者	2科目免除者
午前	エックス線の管理に関する知識	2時間	2時間	2時間
	関係法令			
午後	エックス線の測定に関する知識	2時間	1時間	—
	エックス線の生体に与える影響に関する知識		—	—

免除科目については，p7 をご参照下さい。

1 模擬問題

1　エックス線の管理に関する知識

問題1

エックス線が物質と相互作用をする際に，その作用によってエックス線が消滅しないものの組合せは(1)〜(5)のうちどれか。

　A　トムソン散乱
　B　コンプトン散乱
　C　光電効果
　D　電子対生成

(1)　A，B
(2)　A，C
(3)　B，C
(4)　B，D
(5)　C，D

問題2

エックス線管から発せられる連続エックス線の全強度と，管電流，管電圧，ターゲット元素の原子番号との関係についての次の記述のうち，正しいものはどれか。

(1)　全強度は，管電流と原子番号に比例し，管電圧の2乗に比例する。
(2)　全強度は，管電流と管電圧に比例し，原子番号の2乗に比例する。
(3)　全強度は，管電圧と原子番号に比例し，管電流の2乗に比例する。
(4)　全強度は，管電圧と管電流に比例し，原子番号の2乗に比例する。
(5)　全強度は，管電流に比例し，管電圧と原子番号のそれぞれの2乗に比例する。

問題 3

エックス線と物質との相互作用のうち，光電効果に関する記述として誤っているものはどれか。

(1) 光電効果とは，エックス線光子が軌道電子にエネルギーを与え，電子が原子外に飛び出し，光子は消滅する現象をいう。
(2) 入射エックス線のエネルギーが高くなるほど，光電効果が発生する確率は小さくなる。
(3) 光電効果により，原子の外に飛び出す光電子の運動エネルギーは，入射エックス線光子のエネルギーより小さい。
(4) 光電効果が起こる場合には，二次的に特性エックス線が生じる。
(5) 光電効果が発生する確率は，照射される物質の原子番号が大きくなるほど小さくなる。

問題 4

エックス線の透過における半価層 $x_{1/2}$ と $1/n$ 価層 $x_{1/n}$ の関係について，次の式のうち正しいものはどれか。

(1) $\dfrac{x_{1/n}}{\log(n)} = \dfrac{x_{1/2}}{\log(2)}$

(2) $\dfrac{x_{1/n}}{\exp(n)} = \dfrac{x_{1/2}}{\exp(2)}$

(3) $\dfrac{x_{1/n}}{\ln(n)} = \dfrac{x_{1/2}}{\ln(2)}$

(4) $\dfrac{x_{1/n}}{n} = \dfrac{x_{1/2}}{2}$

(5) $\dfrac{x_{1/n}}{\sin(n)} = \dfrac{x_{1/2}}{\sin(2)}$

問題 5

エックス線の半価層に関する次の文章の中で，誤っている下線部はどれか。

(1) 細い線束で入射エックス線の線量率が入射時の１／２になる物質の厚さを半価層あるいは (2) 第一半価層と呼ぶ。さらに，線量率が入射時の１／２から１／４になる物質の厚さを (3) 第二半価層と呼ぶ。第一半価層と第二半価層の比を，均等度あるいは均質係数と呼ぶが，これは (4) エックス線エネルギー分布の拡がりを表す指標となる。単色エックス線ではこの値は (5) 2 である。

問題 6

1/10価層を $x_{0.1}$ と表し，1/100価層を $x_{0.01}$ と表すとき，これらの間の関係として正しいものは次のうちどれか。

(1) $x_{0.1} = 2\,x_{0.01}$
(2) $x_{0.1} = x_{0.01}$
(3) $2\,x_{0.1} = x_{0.01}$
(4) $5\,x_{0.1} = x_{0.01}$
(5) $10\,x_{0.1} = x_{0.01}$

問題 7

管電圧や管電流と発生エックス線の関係に関する次の記述のうち，正しいものはどれか。

(1) 管電圧を高くすると，エックス線の最短波長は長くなる。
(2) 管電圧が高くなると，エックス線量は増加する。
(3) 管電流が増加すると，エックス線量は減少する。
(4) 管電流を５％減らし，管電圧を５％増やした時には，エックス線量は減少する。
(5) 管電流が増加すると，エックス線の最短波長は短くなる。

問題8

エックス線管に関する次のAからDまでの記述について，正しいものの組合せは(1)〜(5)のうちどれか。

A　エックス線管陽極のターゲット金属としては，原子番号が大きくて融点が高いものが一般に用いられ，タングステンなどのほか，モリブデンや銅，クロム，コバルトなども用いられる。

B　エックス線管の陽極には，発生したエックス線を集束させるために集束筒が設けられている。

C　エックス線管から発生するエックス線は，制動放射による連続エックス線とターゲット金属に特有な線スペクトルを有する特性エックス線の両方が混在したものである。

D　ターゲットの上の，電子が衝突してエックス線が発生する部分を実効焦点と呼んでいる。

E　実効焦点は一般に実焦点より狭くなっている。

(1)　A，B
(2)　A，C，E
(3)　A，D，E
(4)　B，D
(5)　C，D，E

問題9

エックス線は様々な形で利用されている。次に示す装置とその原理の組合せのうち，正しいものはどれか。

(1)　エックス線透視装置 ……………… 透過
(2)　エックス線厚さ計 ……………… 回折
(3)　エックス線マイクロアナライザー … 回折
(4)　エックス線応力測定装置 ………… 分光
(5)　蛍光エックス線分析装置 ………… 透過

問題10

次に示す散乱角，管電圧，物質厚さなどを変化させた際の散乱線の空気カーマ率についての一般的なグラフのうち，不適切なものはどれか。

(1)

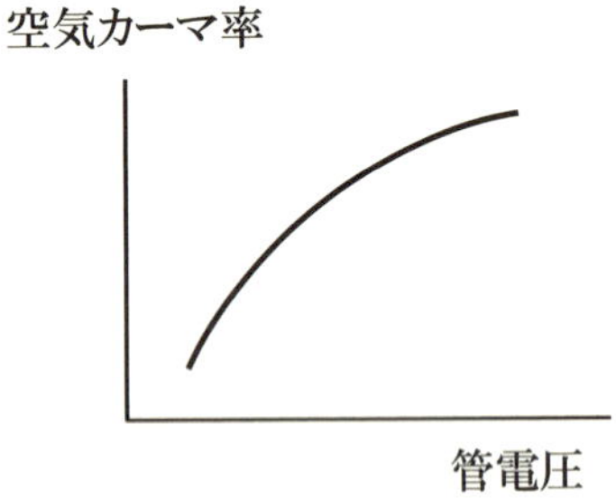

空気カーマ率 / 管電圧
前方散乱線の空気カーマ率

(2)

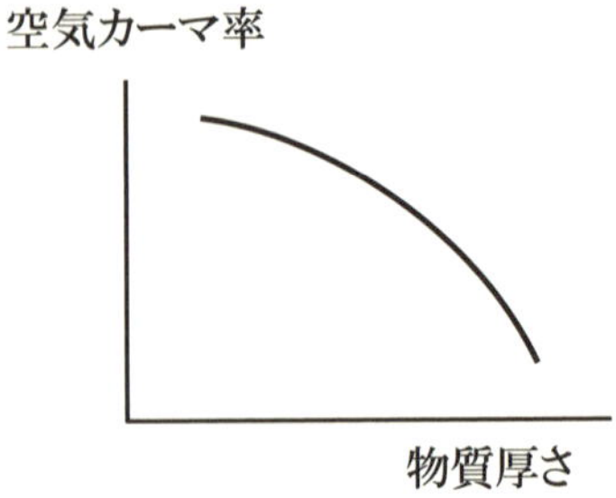

空気カーマ率 / 物質厚さ
前方散乱線の空気カーマ率

(3)

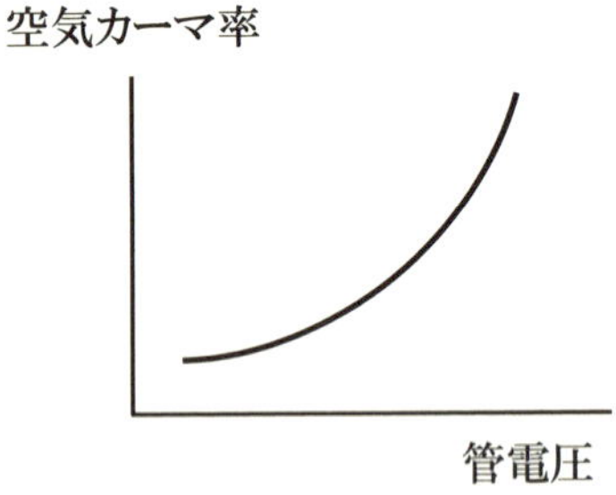

空気カーマ率 / 管電圧
後方散乱線の空気カーマ率

(4)

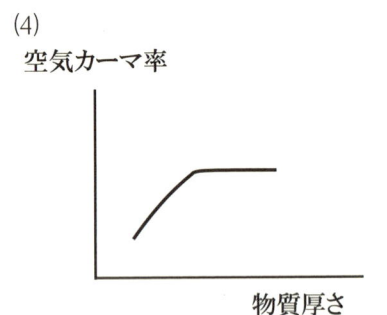

空気カーマ率 / 物質厚さ
後方散乱線の空気カーマ率

(5)

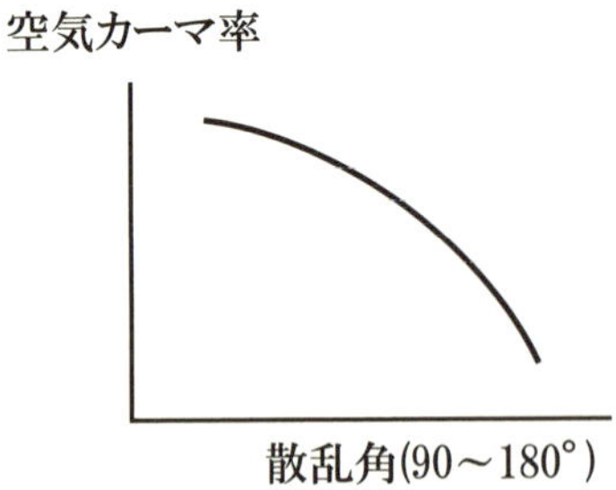

空気カーマ率 / 散乱角(90〜180°)
後方散乱線の空気カーマ率

2　関係法令

問題11

次の文章は電離放射線障害防止規則の第1条の条文である。AからCに入る適切な語句の組合せは(1)～(5)のうちどれか。

　事業者は，　A　が　B　を受けることを　C　少なくするように努めなければならない。

	A	B	C
(1)	労働者	エックス線	極力
(2)	労働者	電離放射線	できるだけ
(3)	従業員	エックス線	極力
(4)	従業員	ガンマ線	できるだけ
(5)	従業員	電離放射線	可能な限り

問題12

放射線業務従事者の被ばく限度に関する次の記述のうち，誤っているものはどれか。

(1) 放射線業務従事者の被ばく限度は，被ばく対象として，作業全般に係る被ばくに加えて，眼の水晶体，皮膚，腹部表面，および，内部被ばくに関して定められている。

(2) 放射線業務従事者の被ばく限度は，一般作業と緊急作業とに区分して，定められている。

(3) 放射線業務従事者の被ばく限度は，男性および妊娠しない女性という区分に加えて，妊娠の可能性のある女性，さらに，妊娠したと診断された女性という区分に対しても定められている。

(4) 放射線業務従事者の被ばく限度には，実効線量限度と等価線量限度とがあるが，実効線量と等価線量は本来人体内部での線量として定義されているため，実測は困難であって，計測可能な実用量として線量当量という量が定義され，外部被ばくの部位によって1 cm線量当量または70 μm線量当量が選択されて実測される。

(5) 放射線業務従事者の被ばく限度として，作業全般の他に，皮膚や眼の角膜に関する規定がある。

問題13

次の文章は，電離則第11条のものである。AからCに入る適切な用語の組合せは(1)〜(5)のうちどれか。

事業者は，　A　エックス線装置を使用するときは，　B　を用いなければならない。ただし，作業の性質上　C　を利用しなければならない場合又は労働者が　C　を受けるおそれがない場合には，この限りでない。

	A	B	C
(1)	特殊	遮へい板	硬線
(2)	特殊	ろ過板	軟線
(3)	特定	遮へい板	硬線
(4)	特定	ろ過板	軟線
(5)	特定	絞り	散乱線

問題14

放射線装置に関する事故が発生したときに報告するべき先として，正しいものは次のうちのどれか。

(1) 所轄労働基準監督署長
(2) 所轄都道府県労働局長
(3) 所轄市区町村長
(4) 所轄都道府県知事
(5) 厚生労働大臣

問題15

事故に関する測定及び記録として，電離則第45条に次の規定がある。この条文中の下線部「次の事項」の中に含まれていないものは(1)〜(5)のうちどれか。

事業者は，第 42 条第 1 項各号のいずれかに該当する事故が発生し，同項の区域が生じたときは，労働者がその区域内にいたことによって，又は緊急作業に従事したことによって受けた実効線量，目の水晶体及び皮膚の等価線量並びに次の事項を記録し，これを 5 年間保存しなければならない。

(1) 事故の発生した日時及び場所
(2) 事故の原因及び状況
(3) 放射線による障害の発生状況
(4) 事業者が採った応急の措置
(5) 事業者が採った恒久の対策

問題16

エックス線作業主任者の業務に関する次の記述のうち，誤っているものはどれか。

(1) エックス線作業主任者は，間接撮影作業，透視作業，および，放射線装置室以外の場所での使用について適正かどうかを点検して，措置しなければならない。
(2) エックス線作業主任者は，自動警報装置の措置がその規定に適合して講じられているかどうかを点検して，措置しなければならない。
(3) エックス線作業主任者は，放射線測定器が，最も放射線にさらされるおそれのある個所につけられているかどうかを点検して，措置しなければならない。
(4) エックス線作業主任者は，照射開始前及び照射中，立入禁止区域に労働者が立ち入っていないことを確認しなければならない。
(5) 波高値による定格管電圧が 100 kV 以上のエックス線装置および医療用のエックス線装置は，エックス線作業主任者の担当範囲から除かれる。

問題17

透過写真撮影業務における特別教育規程の規定において，受講すべき科目になっていないものはどれか。

(1) 透過写真の撮影の作業の方法

(2) エックス線装置の構造および取扱いの方法
(3) エックス線に関する化学
(4) 電離放射線の生体に与える影響
(5) 関係法令

問題18

労働安全衛生法において用いられる用語の中で，特定と名の付くものだけからなる組合せは(1)～(5)のうちどれか。

A：特定事業
B：特定元方事業者
C：特定エックス線装置
D：特定衛生管理者
E：特定健康診断

(1) A，B，C
(2) A，C，D
(3) B，C，D
(4) B，C，E
(5) C，D，E

問題19

事業所の健康管理に関する次の文章の下線部の中で，誤っているものはどれか。

　事業者は，放射線業務に(1)常時従事する労働者について，(2)雇入れあるいは(3)配置替えの際に，そして，その後(4)12ヶ月以内ごとに1回ずつ定期的に，(5)健康診断を行わなければならない。

問題20

安全衛生管理体制に関する次の記述のうち，誤っているものはどれか。

(1) 常時100人以上の労働者を使用する全業種の事業場においては，労働衛

生の技術的事項を管理する目的で，衛生管理者の選任が義務づけられている。

(2) 衛生管理者は基本的に専属の者であるべきであるが，複数の衛生管理者を選任できる場合には，例外的に1名の労働衛生コンサルタントが加わることを許されている。

(3) 衛生管理者の選任が必要のない中小規模事業場の安全衛生水準の向上を目的として，常時10人以上50人未満の労働者を使用する事業場については，安全衛生推進者の選任が義務づけられている。

(4) 総括安全衛生管理者の選任は，選任すべき事由が発生した日から14日以内に行って，その報告書を遅滞なく所轄労働基準監督署長に提出しなければならない。

(5) 常時1,000人以上の労働者が働く事業場，もしくは，常時500人以上でエックス線その他の放射線にさらされる業務を行う事業場において，専属産業医の選任を必要とする。

3 エックス線の測定に関する知識

問題21

SI単位系に関する次の記述のうち，正しいものはどれか。

(1) SI単位系の接頭語は1より大きいことを示すものが大文字，1より小さいことを示すものが小文字で記される。
(2) 大文字と小文字の違いも異なる文字と考えた時，SI単位系の接頭語とSIの基本単位記号には共通の文字を用いるものはない。
(3) SI単位系の接頭語はすべてアルファベットの1文字からなっている。
(4) 大文字と小文字の違いも異なる文字と考えた時，SI単位系の接頭語とSIの組立単位記号には共通の文字を用いるものはない。
(5) SI単位系の接頭語は，10倍，100倍，そして，10分の1，100分の1のものを除くと，その他の接頭語はすべて10^3あるいは10^{-3}の倍数となる。

問題22

放射線が気体分子に与えるエネルギーをA，気体分子1個を電離するために必要なエネルギーをB，放射線の電離作用によって作られるイオン対の数をCとするとき，これらの間に成り立つ関係式として適切なものはどれか。

(1) $A = B + C$
(2) $B = A + C$
(3) $A = BC$
(4) $B = AC$
(5) $C = AB$

問題23

気体の電離を利用するエックス線検出について，正しいものはどれか。

(1) 放射線の電離作用によって生成されるイオン対の数をN，放射線の通過によって気体の分子に与えられるエネルギーE，気体の分子1個を電離するのに必要なエネルギーをWとすると，Nは次のように表される。

$$N = \frac{W}{E}$$

(2) 気体増幅率とは，二次イオン対の数に対する一次イオン対の数をいう。
(3) 比例計数領域における気体増幅率は，通常 $10^6 \sim 10^8$ 程度となっている。
(4) ガイガー・ミュラー計数管領域では，荷電粒子などが入射しさえすれば，入射量に関係なく放電が起こり，回路には放電回数ごとに一定の強さの放電電流が流れる。
(5) 連続放電領域は，連続的な放射線の測定が可能なので，広く線量計として利用されている。

問題24

放射線検出器とそれに関係の深い用語の組合せとして，正しいものはどれか。

(1) 比例計数管 ……………………… グロー曲線
(2) ガイガー・ミュラー計数管 ……… アニーリング
(3) 半導体検出器 ……………………… 還元反応
(4) 化学線量計 ……………………… W値
(5) 鉄線量計 ……………………… 酸化反応

問題25

次のAからDまでの電離作用を利用する放射線検出器の中で，気体増幅によるものの組合せは(1)～(5)のうちどれか。

　A：電離箱
　B：半導体検出器
　C：GM計数管
　D：比例計数管

(1) A，B
(2) A，C
(3) B，C
(4) B，D
(5) C，D

問題26

シンチレーション検出器に関する次の文章の下線部の中で誤っているものはどれか。

シンチレーション検出器に用いられるシンチレータには，少量の(1)<u>タリウム</u>が添加された(2)<u>よう化アルミニウム</u>や(3)<u>よう化セシウム</u>などの(4)<u>無機結晶</u>が利用されるが，シンチレータからの光はかなり微弱であるため，(5)<u>光電子増倍管</u>によって大きな信号に変換される。

パルス波高値はエネルギーに比例するので，エネルギー情報も得られるというメリットがある。弱いエックス線の検出に優れている。

問題27

サーベイメータに関する次の記述のうち，正しいものはどれか。

(1) エネルギー分布の広いエックス線の測定には，GM計数管式サーベイメータやシンチレーション式サーベイメータが適している。
(2) シンチレーション式サーベイメータは，感度が良好のため，低線量率のエックス線やガンマ線の検出に適している。
(3) シンチレーション検出器は，エネルギー特性と方向特性が特に良好であるため，散乱線の測定に適している。
(4) 半導体式ポケットサーベイメータは，エネルギー特性が良好であって，30 keV 以下の低エネルギー放射線の測定に最も適している。
(5) GM計数管には，電離気体として，空気が封入される。

問題28

次の文章の A および B に入るべき適切な数値の組合せとして正しいものは(1)～(5)のうちどれか。

いま，積算型電離箱式サーベイメータ（フルスケール 20 μSv）を用いて，管電圧 A keV のエックス線装置によるエックス線（最短波長 0.0248 nm）について測定を行ったところ，指針がフルスケールまで振れるのに 24 分を要した。このエックス線に対するサーベイメータの校正定数を 0.90 とすると，この時の真の線量当量率は約 B μSv/h である。

	A	B
(1)	50	45
(2)	50	50
(3)	100	45
(4)	100	50
(5)	100	55

問題29

個人線量計に関する次の記述のうち，誤っているものはどれか。

(1) 熱ルミネッセンス線量計は，被ばく線量を読み取るために素子を加熱するので，線量の読み取りに失敗すると再度読み取ることは不可能である。
(2) ＰＤ型ポケット線量計は，線量を読み取るためにチャージリーダを用いる。
(3) 光刺激ルミネッセンス線量計は，ＯＳＬ線量計ともいわれ，フィルムバッジよりも，エックス線やガンマ線に対するエネルギー依存性が小さく，温度の影響も受けにくい。
(4) 蛍光ガラス線量計は，被ばく線量を読み取っても蛍光中心は消滅しないので，繰り返し線量を読み取ることが可能である。
(5) 半導体式ポケット線量計は，デジタル表示の線量計で，1 cm 線量当量に対応した被ばく線量を作業中に読み取ることが可能である。

問題30

フィルムバッジに関する次の記述のうち，誤っているものはどれか。

(1) フィルムバッジは，入射したエックス線の平均的なエネルギーを推定することが可能である。
(2) フィルムバッジは，落としたりぶつけたりした場合などにも，そのような衝撃には強いという特徴がある。
(3) フィルムバッジは，写真乳剤を塗布したフィルムを現像した際の黒化度によって被ばく線量を評価する。
(4) エックス線用フィルムバッジに用いられているフィルタとしては，アルミニウム，鉄，ステンレスなどがある。
(5) フィルムバッジは，装着期間があまり長くなると，潜像退行のため正しい測定が難しくなることがある。

4 エックス線の生体に与える影響に関する知識

問題31

直接作用および間接作用において，酵素濃度が増加する際に不活性分子の割合がどのように変化するかに関して，次のうち正しい組合せはどれか。

	直接作用	間接作用
(1)	ほぼ一定である	徐々に増加する
(2)	ほぼ一定である	ほぼ一定である
(3)	ほぼ一定である	徐々に減少する
(4)	徐々に増加する	ほぼ一定である
(5)	徐々に増加する	徐々に減少する

問題32

放射線が生体高分子に与える間接作用において，生体高分子に作用するものは次のうちどれか。

(1) 二次電子
(2) ＳＨ化合物
(3) フリーラジカル
(4) ＤＮＡ
(5) ＲＮＡ

問題33

人体の次の各組織について，エックス線感受性の順序に並べた場合に，中央（3番目）に位置するものはどれか。

(1) 精巣
(2) 神経線維
(3) 骨
(4) 汗腺
(5) 甲状腺

問題34

細胞に対するエックス線の影響に関する次の記述のうち，正しいものはどれか。

(1) 形態の分化が進んだ細胞ほど放射線感受性が高い。
(2) 将来行われる細胞分裂の数の多い細胞ほど放射線感受性が低い。
(3) 細胞の放射線感受性の指標として用いられる平均致死線量は，細胞の生存曲線において，その細胞集団の半数の細胞を死に至らせる線量をいう。
(4) 細胞分裂の周期において，ＤＮＡ合成期の細胞は，細胞分裂期の細胞より放射線感受性が高い。
(5) 放射線量とそれによる細胞の生存率をグラフにする時，線量を横軸にとるならば，一般の哺乳動物細胞では一次関数型となり，バクテリアではシグモイド型となる。

問題35

エックス線の確率的影響に関する次の文章の下線部の中で誤っているものはどれか。

エックス線の生物作用の中には，線量率や照射の間隔を変化させてもその作用の程度に差がないものがあり，このような場合は(1)回復がない現象と考えられている。すなわち，エックス線の照射を受けて障害が発生した生体がもとの状態に戻らない現象を蓄積といっている。

(1)回復が認められないものとして，(2)遺伝子の突然変異や(3)白内障などがある。

その作用には(4)しきい値が存在せず，線量の総和に比例するとされており，言い換えれば，ここの照射の線量は(5)蓄積され，作用は(5)蓄積線量に比例するとみなされる。

問題36

図は，数 Gy のエックス線を被ばくした際における，末梢血液細胞の数の変化を時間に対して表したものである。図中の A から D に該当する細胞名として，正しいものの組合せは(1)～(5)のうちどれか。

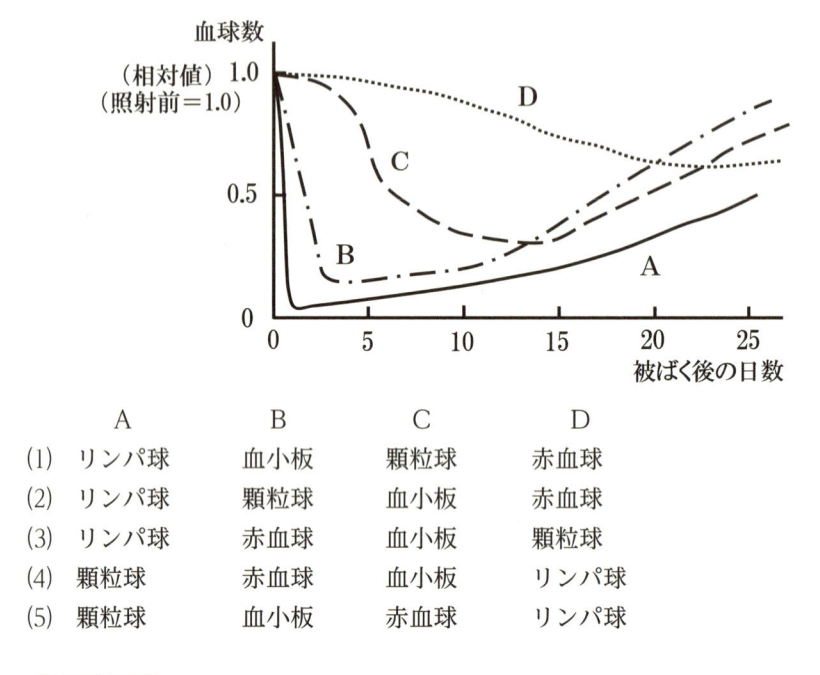

```
血球数
（相対値）1.0
（照射前＝1.0）
              D
     0.5    C
          B         A
      0
       0    5   10   15   20   25
                    被ばく後の日数
```

	A	B	C	D
(1)	リンパ球	血小板	顆粒球	赤血球
(2)	リンパ球	顆粒球	血小板	赤血球
(3)	リンパ球	赤血球	血小板	顆粒球
(4)	顆粒球	赤血球	血小板	リンパ球
(5)	顆粒球	血小板	赤血球	リンパ球

問題37

エックス線などの放射線に対する血液細胞を感受性の高い順に並べた場合，最も適切なものは次のうちどれか。

(1) 顆粒球＞リンパ球＞血小板＞赤血球
(2) 顆粒球＞血小板＞リンパ球＞赤血球
(3) 顆粒球＞血小板＞赤血球＞リンパ球
(4) リンパ球＞顆粒球＞赤血球＞血小板
(5) リンパ球＞顆粒球＞血小板＞赤血球

問題38

人間が全身にエックス線を被ばくした場合に，被ばく線量の程度とその症状について，誤っているものはどれか。

(1) 0.05～0.25 Gy の照射を受けても通常の状態では自覚症状は感じられず，異常を認めることはない。
(2) 0.5～1.0 Gy の照射を受けた人の 10 % に吐き気，おう吐，下痢，脱力感，

頭痛などの軽い放射線症の症状が見られることがある。
(3) 4～5 Gy の照射を受けた人の約 50％ が，急性放射線症によって死亡する。
(4) 7～10 Gy の照射を受けた人のほぼ全員が 30 日以内に死亡する。
(5) 10～100 Gy の照射を受けた人は，主に消化器官の障害によって，10 日以内にほぼすべての人が死亡する。

問題39

次に示す組織・器官のリスク係数と組織荷重係数の表において，不適切なものは(1)～(5)のうちのどれか。

組織・器官	リスク係数 (R_T)	荷重係数 (W_T)
甲状腺	5×10^{-4}	(1) 0.03
骨表面	5×10^{-4}	0.03
赤色骨髄	2×10^{-3}	(2) 0.12
肺	2×10^{-3}	0.12
乳房	2.5×10^{-3}	(3) 0.15
精巣	4×10^{-3}	(4) 0.25
残りの組織	5×10^{-3}	(5) 0.1

問題40

放射線の影響に関する次の記述のうち，正しいものはどれか。

(1) 半致死線量は，LD_{50} と表され，被ばくした集団の個体の半数が一定の期間内に死亡する線量のことである。
(2) 全致死線量は，LD_{100} と表されることもあり，基本的に半致死線量の 2 倍の値をとる。
(3) 潜伏期の長さが 4 週間程度である影響は，通常は晩発影響に分類される。
(4) 確率的影響は，被ばく線量の増加とともに発生率は増加するものの，障害の重篤度は変化しない。
(5) 確定的影響を評価するためには，実効線量が用いられる。

2 模擬問題の解答一覧

1 エックス線の管理に関する知識

問題1	問題2	問題3	問題4	問題5
(1)	(1)	(5)	(3)	(5)

問題6	問題7	問題8	問題9	問題10
(3)	(2)	(2)	(1)	(5)

2 関係法令

問題11	問題12	問題13	問題14	問題15
(2)	(5)	(4)	(1)	(5)

問題16	問題17	問題18	問題19	問題20
(5)	(3)	(1)	(3)	(1)

3 エックス線の測定に関する知識

問題21	問題22	問題23	問題24	問題25
(5)	(3)	(4)	(5)	(5)

問題26	問題27	問題28	問題29	問題30
(2)	(2)	(1)	(2)	(4)

4 エックス線の生体に与える影響に関する知識

問題31	問題32	問題33	問題34	問題35
(3)	(3)	(5)	(4)	(3)

問題36	問題37	問題38	問題39	問題40
(2)	(5)	(4)	(5)	(1)

3 模擬問題の解説と解答

1 エックス線の管理に関する知識

問題1 解説

AのトムソンさんとBのコンプトン散乱は、エネルギー量の変化のあるなしということはありますが、基本的にエックス線としては消滅しません。Cの光電効果とDの電子対生成は、作用のあとにエックス線は消滅します。

正解 (1)

問題2 解説

正解は(1)となります。エックス線管から発せられる連続エックス線の全強度は、管電流と原子番号に比例し、管電圧の2乗に比例します。

正解 (1)

問題3 解説

(1)～(4) これらはいずれも記述のとおりです。
(5) この記述は逆になっています。光電効果が発生する確率は、照射される物質の原子番号が大きくなるほど大きくなります。

正解 (5)

問題4 解説

選択肢の(1)に log が出てきますが、log には底を 10 とする常用対数として用いられる場合と、底を e（自然対数の底）とする自然対数として用いられる場合とがあります。この場合は、選択肢(3)に ln（自然対数）が出てきていますので、log は常用対数と見られます。

さて、減弱係数を μ としますと、$1/n$ 価層は次のように表されますので、

$$1/n \text{ 価層} = \frac{\log_e n}{\mu}$$

これから次のように表されることがわかります。

$$x_{1/n} = \frac{\log_e n}{\mu} = \frac{\ln(n)}{\mu}$$

$$x_{1/2} = \frac{\log_e 2}{\mu} = \frac{\ln(2)}{\mu}$$

これらより μ を消去しますと，次式が得られます．

$$\frac{x_{1/n}}{\ln(n)} = \frac{x_{1/2}}{\ln(2)}$$

正解　(3)

問題5 解説

誤っている下線部は (5) となります．単色エックス線は均等度が1となります．

正解　(5)

問題6 解説

減弱係数を μ としますと，$1/n$ 価層は次のように表されます．

$$1/n \text{ 価層} = \frac{\log_e n}{\mu}$$

すなわち，

$$1/10 \text{ 価層} = \frac{\log_e 10}{\mu}$$

$$1/100 \text{ 価層} = \frac{\log_e 100}{\mu} = \frac{\log_e 10^2}{\mu} = \frac{2\log_e 10}{\mu} = 2 \times 1/10 \text{ 価層}$$

これで，正解は (3) となります．

正解　(3)

問題7 解説

(1) 管電圧を高くすると，エックス線の最短波長は短くなります．
(2) これは記述のとおりです．
(3) 管電流が増加する場合には，エックス線量は増加します．
(4) 管電流を5％減らし，管電圧を5％増やした時には，エックス線量は増加します．エックス線量は，管電流に比例して増加しますが，管電圧にはその2乗に比例しますので，設定の条件では，エックス線量は増加することになります．エックス線管から発せられる連続エックス線の全強度 I と，管電流 i，管電圧 V，ターゲット元素の原子番号 Z との関係を表す式として，次の

式があります。管電流と原子番号に比例し，管電圧の 2 乗に比例します。
$$I = kiV^2Z$$
(5) 管電流が増加しても，エックス線の最短波長は変化しません。

正解　(2)

問題 8　解説

A　記述のとおりです。
B　集束筒は，エックス線を集束させるためではなく，熱電子を周囲に拡散させないために設けられています。集束筒は集束カップともいいます。
C　記述のとおりです。
D　電子が衝突してエックス線が発生する部分は実効焦点ではなくて実焦点と呼ばれます。実効焦点は，エックス線管軸に垂直な照射口方向から見たものをいいます。
E　これも記述のとおりです。実効焦点は一般に実焦点より狭くなっています。

正解　(2)

問題 9　解説

正しい組合せを以下に示します。
(1)　エックス線透視装置 …………………… 透過
(2)　エックス線厚さ計 ……………………… 散乱
(3)　エックス線マイクロアナライザー … 分光
(4)　エックス線応力測定装置 …………… 回折
(5)　蛍光エックス線分析装置 …………… 分光

結局，問題においては(1)のエックス線透視装置が透過原理を利用していることだけが正しいですね。

正解　(1)

問題 10　解説

後方散乱線の(5)のデータは，右下がりになっていますが，これが不自然です。前方散乱線の散乱角依存性は右下がりですが，後方散乱線の散乱角依存性は右上がりになっています。散乱角が 180°に近づくほど反射の要素が強くなるのでしょうね。

正解　(5)

2 関係法令

問題11 解説

　法律の中でも，第1条と第2条だけは，一言一句正しく覚えるくらい何度も見ておきましょう。似たような用語でも法律で用いられている用語が正解となるのです。「従業員」と「労働者」では，また，「できるだけ」と「可能な限り」，「極力」などは，意味は似たようなものではないか，と思われるかもしれませんが，そうであっても法律で用いられている用語が正解なのです。

　ということで，Aは「労働者」，Bは「電離放射線」，Cは「できるだけ」が該当します。

　ここで出題された文章が電離則の基本姿勢と言ってよいでしょう。これは事業者に対しての文章になっていますが，労働者側もその精神を汲み取って，被ばくをできるだけ避けるようにという意識で作業をすることが重要です。

正解　(2)

問題12 解説

(1)～(4)　これらはいずれも正しい記述です。
(5)　放射線業務従事者の被ばく限度として，皮膚についてはありますが，眼の角膜についてはありません。眼の水晶体について規定されています。

正解　(5)

問題13 解説

　Aのエックス線の前に入る用語は「特定」です。法律を作る人には「特定」という言葉が好きな人が多いようですね。また，Bは「ろ過板」，Cは「軟線」になります。

　軟線とは，低エネルギーのエックス線（波長の長いエックス線）のことをいいます。軟線は，透過力が弱く散乱も多いため，通常は利用されませんが，人体が受けた場合には皮膚における吸収が多いという問題があります。したがって，軟線はできるだけ取り除くことが必要なので，その目的でろ過板を使用することになっています。例外的にろ過板を使用しなくてもよい場合は，蛍光エックス線分析や皮膚疾患のエックス線治療，アルミニウム等の軽金属薄板の溶接部の透過撮影などが挙げられます。

正解　(4)

3 模擬問題の解説と解答　　215

問題14　解説

　電離則第43条（事故に関する報告）に，「事業者は，前条第1項各号のいずれかに該当する事故が発生したときは，速やかに，その旨を当該事業場の所在地を管轄する労働基準監督署長（以下，所轄労働基準監督署長という。）に報告しなければならない。」と規定されています。
　正解は(1)の所轄労働基準監督署長となります。

正解　(1)

問題15　解説

　(5)の「事業者が採った恒久の対策」は規定の中には含まれていません。その他の事項は記載されています。

正解　(5)

問題16　解説

(1)～(4)　それぞれが正しい記述です。
(5)　波高値による定格管電圧は，100 kV 以上ではなくて，1,000 kV 以上のエックス線装置および医療用のエックス線装置が，エックス線作業主任者の担当範囲から除かれます。
　　エックス線作業主任者の職務について整理しておきますと，次のようになります。
　a）第3条第1項（管理区域）または第18条第4項（立入禁止区域）の標識が適正に設けられているかどうか点検して，規定に適合するように措置します。
　b）照射筒，しぼり，または，ろ過板が，適切に使用されているかどうか点検して措置します。
　c）第12条（間接撮影），第13条（透視），そして，第18条の2（放射線装置室以外の場所での使用）について適正かどうかを点検して，措置します。
　d）放射線業務従事者の受ける線量ができるだけ少なくなるように照射条件等を調整します。
　e）第17条（自動警報装置）の措置がその規定に適合して講じられているかどうかを点検して，措置します。
　f）照射開始前及び照射中，第18条第1項の場所（立入禁止区域）に労働者が立ち入っていないことを確認します。

g）放射線測定器が，最も放射線にさらされるおそれのある個所につけられているかどうかを点検して，措置します。

正解　(5)

問題17 解説

(3)のエックス線に関する化学という科目は規定されておりません。その他の4科目が規定されています。

正解　(3)

問題18 解説

Dの特定衛生管理者とEの特定健康診断という用語は，少なくとも労安法（労働安全衛生法）の中には出てきません。正解は，(1)となります。

特定事業は労安法第15条に，特定元方事業者も労安法第15条に，特定エックス線装置は労安法施行令第13条に出てきます。

正解　(1)

問題19 解説

(3)の12ヶ月以内ごとに1回ずつというのは誤りです。ここは6ヶ月ごとに1回となっています。

事業者は，放射線業務に常時従事する労働者について，雇入れあるいは配置替えの際に，そして，その後6ヶ月以内ごとに1回ずつ定期的に，健康診断を行わなければなりません。

正解　(3)

問題20 解説

(1)　「100人以上」ではなくて，常時50人以上の労働者を使用する全業種の事業場においては，労働衛生の技術的事項を管理する目的で，衛生管理者の選任が義務づけられています。

(2)～(5)　いずれも正しい記述となっています。

正解　(1)

3 エックス線の測定に関する知識

問題21 解説

(1) 接頭語の大文字・小文字の区別は，1を境にしていませんね。小さいほうから 10^3 を示すキロまで小文字で，10^6 を示すメガ以上が大文字となっています。

(2) SI単位系の接頭語のうち，10^{-3} を示す m（ミリ）と SI の基本単位であるメートルが m で同一の文字になっています。

(3) 実は，10倍を示すデカ（d a）だけは2文字となっています。

(4) SI単位系の接頭語で 10^{12} 倍を示す T（テラ）と SI の組立単位で磁束密度を示す T（テスラ）がたまたま同一ですね。10^{-18} 倍のアット（a）と面積のアール（a）も同一ですが，面積のアールは併用してよいことになっているものの，SI単位そのものではありません。

(5) これは記述のとおりです。

正解 (5)

問題22 解説

それぞれに単位をつけて考えましょう。放射線が気体分子に与えるエネルギーを A，気体分子1個を電離するために必要なエネルギーを B，放射線の電離作用によって作られるイオン対の数を C とするというので，それぞれの単位を次のように考えます。

A [eV]
B [eV／イオン対]
C [イオン対]

これらより，次のようになることがわかります。

A [eV] $= B$ [eV／イオン対] $\times C$ [イオン対]

つまり，(3)が正解となります。

正解 (3)

問題23 解説

(1) この式は分母と分子が逆です。正しくは，次のようになります。

$$N = \frac{E}{W}$$

(2) 気体増幅率は，増幅ということですから，数字は1よりはるかに大きいものでなくてはなりません。二次イオン対の数に対する一次イオン対の数ということになると1より小さくなりますので不自然です。一次イオン対の数に対する二次イオン対の数が気体増幅率です。
(3) 比例計数領域における気体増幅率は，一般に $10^2 \sim 10^4$ 程度となっています。
(4) これは記述のとおりです。
(5) 連続放電領域は，非常に高い電圧が印加された場合の状態で，荷電粒子などが入射しなくても連続放電が起きます。そのため，この領域は線量計として利用することはできません。

正解　(4)

問題24 解説

(1) グロー曲線は，熱ルミネッセンス線量計におけるもの，(2)のアニーリングは蛍光ガラス線量計に関係するものです。また，(3)還元反応はセリウム線量計が利用する反応です。(4)W値は，気体の電離に関係する概念であり，化学線量計ではG値が用いられます。

正解は(5)の鉄線量計で，酸化反応が応用されています。

正解　(5)

問題25 解説

Aの電離箱は気体増幅が起きない領域での検出器ですね。また，Bの半導体検出器は固体の電離作用によるものです。正解は，C：GM計数管とD：比例計数管になります。

正解　(5)

問題26 解説

シンチレータに用いられる無機結晶には，タリウムが添加されますが，よう化アルミニウムは誤りで，よう化ナトリウムやよう化セシウムなどが用いられます。

シンチレーション検出器に用いられるシンチレータには，少量のタリウムが添加されたよう化ナトリウムやよう化セシウムなどの無機結晶が利用されますが，シンチレータからの光はかなり微弱ですので，光電子増倍管によって大きな信号に変換されます。

パルス波高値はエネルギーに比例しますので，エネルギー情報も得られるというメリットがあります。弱いエックス線の検出に優れています。

正解　(2)

問題27　解説

(1) シンチレーション式サーベイメータは，感度のエネルギー依存性が大きいため，エネルギー分布の広いエックス線の測定には適していません。
(2) 正しい記述です。
(3) 光電子増倍管のある背後から入射するエックス線に対しては検出効率が低くなりますが，その他の方向特性は良好です。ただし，エネルギー特性としては，電子回路で 50 keV 相当のパルス波高値をカットオフレベルとしていますので，エネルギーが低くなる散乱線の測定には向いていません。
(4) 半導体式ポケットサーベイメータは，30 keV 以下ではエネルギー特性が極端に悪化しますので，30 keV 以下の低エネルギー放射線の測定には向いていません。
(5) GM計数管には，電離気体として，空気ではなくて，ネオンやアルゴンなどの不活性ガス封入が基本で，放電を短時間で消滅させるための少量のハロゲンガスやアルコール等の消滅ガスが混入されます。

正解　(2)

問題28　解説

管電圧 E [V] で電子を加速し，発生させたエックス線の最大エネルギーは E [eV] となります。このエネルギー E [eV] と波長の関係として次の式があります。

$$\lambda \text{ [nm]} = \frac{1{,}240 \text{ eV/nm}}{E \text{ [eV]}}$$

いま，最短波長 0.0248 nm が与えられていますので，エックス線のエネルギー E [eV] は，

$$E \text{ [eV]} = \frac{1{,}240 \text{ eV/nm}}{0.0248 \text{ nm}} = 50{,}000 \text{ eV} = 50 \text{ keV}$$

また，指針がフルスケールまで振れるのに 24 分を要したというので，線量率は，次のようになります。

$$20 \text{ μSv} \times \frac{1}{24 \text{ min}} = 20 \text{ μSv} \times \frac{60 \text{ min/h}}{24 \text{ min}} = 50 \text{ μSv/h}$$

この結果に，校正定数を考慮して，最終的な線量率は，

50 μSv/h × 0.90 = 45 μSv/h

正解　(1)

問題29　解説

(1)　記述のとおりです。
(2)　チャージリーダは，ＰＣ型ポケット線量計（ポケットチャンバ型線量計）にチャージを与えるために必要となる付属機器であって，ＰＤ型では必要ありません。
(3)～(5)　これらはいずれも記述のとおりです。

正解　(2)

問題30　解説

(1)～(3)　いずれも記述のとおりです。
(4)　エックス線用フィルムバッジでは，アルミニウムは用いられますが，鉄やステンレスなどは用いられません。他に用いられている金属としては，銅やすず，鉛などがあります。
(5)　記述のとおりです。

正解　(4)

4 エックス線の生体に与える影響に関する知識

問題31 解説

　放射線によって酵素が不活性化される現象を次の図（p112と同じ図です）で見て下さい。同じ線量の放射線が照射された場合には，直接作用では放射線が直接に不活性化反応に関与するのですから，不活性化される酵素の分子数は酵素濃度に比例し，その分子の割合は酵素濃度に関係なく一定であるはずです。その場合には，図の左のグラフでは右上がりの直線，右のグラフでは水平の直線になります。

　ところが，実際のデータで左のグラフにおいて水平の直線に（濃度の低いところはデータがない場合が多いのですが），右のグラフで右下がりの曲線になるものがあります。

　この現象の説明として，間接作用が提案されています。一定の照射線量では，水分子のラジカル化の度合いが一定なので，一定量のラジカルによって生じる酵素の不活性化数は，酵素濃度によらず一定で，酵素濃度が濃くなると不活性化の割合は下がるということになります。これを希釈効果と呼んでいます。

　この図のようなデータが得られれば，間接作用が起きている有力な根拠となります。

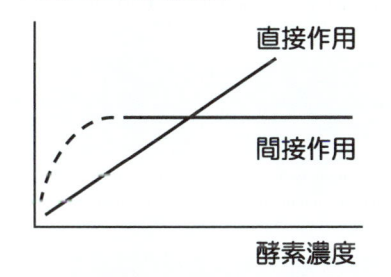

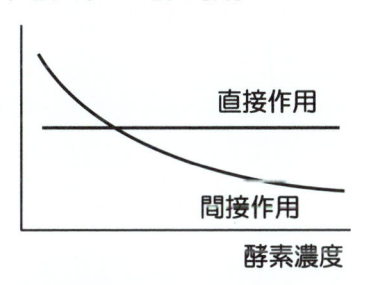

図5-1　希釈効果を示す濃度と効果の関係

正解　(3)

問題32 解説

　放射線が生体に含まれる水の分子に作用して電離や励起を起こし，これによって生じるフリーラジカル（あるいは単にラジカル）などが，生体の重要な分子に作用するものになります。

　ラジカルは，遊離基と訳され，不対電子をもつ原子あるいは原子団のことです。

　通常の電子は2個で一対の電子ペアをなして安定ですが，それが1個だけになるものを不対電子（ペアになっていない電子）といいます。

　ラジカルは，極めて反応性が高いので，他のものとすぐ結合したり，相手を分解したりしてしまいます。

正解　(3)

問題33 解説

　この選択肢の中で，最も放射線（エックス線）感受性の高いものは(1)の精巣ですね。次に(4)の汗腺がきます。

　逆に最も感受性の低いものとしては，(2)の神経線維，次いで，(3)の骨になります。

　これらの中間（中央）に位置するものは，(5)の甲状腺になります。

正解　(5)

問題34 解説

(1)　記述は逆です。形態の分化が進んだ細胞ほど放射線感受性が低くなります。
(2)　ベルゴニ・トリボンドの法則は，将来行われる細胞分裂の数の多い細胞ほど放射線感受性が高いとしています。
(3)　平均致死線量はLD_{50}とは異なる概念です。細胞集団の中の標的に対し，平均して1個のヒットを与える線量をいいます。
(4)　これは記述のとおりです。DNA合成をした後に細胞分裂が起こります。一連の過程の中では，細胞分裂期の細胞が一番放射線感受性は高くなっています。また，同じ細胞分裂期の細胞の中では，その中の初めのほうが終わりのほうより放射線感受性は高くなります。
(5)　哺乳動物細胞でもシグモイド型（S字型）となります。

正解　(4)

3　模擬問題の解説と解答　　　223

問題35　解説

(3)の白内障にはしきい値があります。ここはたとえば「白血病」などが入ります。

エックス線の生物作用の中には，線量率や照射の間隔を変化させてもその作用の程度に差がないものがあり，このような場合は回復がない現象と考えられています。すなわち，エックス線の照射を受けて障害が発生した生体がもとの状態に戻らない現象を蓄積といっています。

回復が認められないものとして，遺伝子の突然変異や白血病などがあります。
その作用にはしきい値が存在せず，線量の総和に比例するとされていて，言い換えれば，ここの照射の線量は蓄積され，作用は蓄積線量に比例するとみなされます。

正解　(3)

問題36　解説

末梢血液細胞の中で最も影響を早く受けるもの（潜伏期の小さいもの）はリンパ球です。リンパ球は減少が早いのに，回復は逆にかなり遅いという特徴もあります。リンパ球の次に影響を早く受けるものは同じ白血球の仲間である顆粒球です。その次が血小板で，最も影響を受けるのが遅く程度も小さいものが赤血球となります。

正解　(2)

問題37　解説

リンパ球が最も鋭敏に反応して減少します。次いで，同じ白血球の仲間である顆粒球が，そして，血小板，赤血球の順となります。

したがって，正解は(5)となります。

正解　(5)

問題38　解説

(1) 記述のとおりです。
(2) これも記述のとおりです。一時的に白血球数の減少などが認められますが，通常では数日以内に回復します。
(3) やはり記述のとおりです。これはLD_{50}が4～5 Gyであることを示しています。
(4) 7～10 Gyの照射の場合には，ほぼ全員が60日以内に死亡します。人の

全致死線量は 7～10 Gy 程度とされています。
(5) 正しい記述です。

正解　(4)

問題39　解説

荷重係数は，すべてを積算して 1.0 とならなければなりません。残りの組織が 0.1 というのは低い数値です。これが 0.3 になるとちょうどすべてを積算して 1.0 となります。

正解　(5)

問題40　解説

(1) 正しい記述です。
(2) 全致死線量は LD_{100} ですが，半致死線量の 2 倍の値をとるとは限りません。
(3) 潜伏期の長さが 4 週間程度である影響は，晩発影響とは一般に言いません。晩発影響の潜伏期の長さは通常数ヶ月以上から数十年に及びます。
(4) 確率的影響は，被ばく線量の増加とともに発生率は増加しますが，障害の重篤度も線量増大によって増加します。
(5) 実効線量は確率的影響を評価するために用いられます。

正解　(1)

模擬問題はこれで終わりです
ほんとうにおつかれさまでした

索 引

数字

$1/m$ 価層	28, 36
$1/10$ 価層	32, 36
1cm 線量当量	56, 57, 69, 70
1cm 線量当量率	51, 56, 61
70μm 線量当量	69, 70

記号

－SH	109, 114

アルファベット

A
Ag（銀）	45

B
Bq（ベクレル）	65

C
CaF_2	80, 98
$CaSO_4$	80, 98
$CaSO_4:Tm$	98
$Ce(SO_4)_2$	78
Co（コバルト）	43, 45
cps 単位	91
Cr（クロム）	45
CsI	84
Cu（銅）	45

D
DNA	116
DNA 合成期	125
DNA 合成準備期	125
DNA 損傷	116

E
eV（エレクトロンボルト）	21, 66

F
FB（フィルムバッジ）	101
Fe（鉄）	43, 45
$FeSO_4$	78

G
G（ギガ）	21
G1 期	125
G2 期	125
GM 計数管	74, 79, 84, 90, 91
GM 計数管領域	77
Gy（グレイ）	64, 65, 67, 71, 72

H
h（プランク定数）	20
H_{1cm}	56

I
ICRU 球	56

J
J（ジュール）	65
JIS	42

K
K 殻	26

L
LD_{50}	142, 148
$LD_{50/30}$	142, 149
LD_{100}	142
LiF	80, 98
LG（蛍光ガラス線量計）	101
L 殻	26

M
M（メガ）	21
MeV（メガエレクトロンボルト）	66
Mo（モリブデン）	45
M 殻	26
M 期	125

N
NaI	84

O
OSL	97
OSL 線量計	105

P
PD ポケット線量計	97, 99, 104
PN 接合型シリコン系半導	104

S
SH 化合物	109, 114
$SrSO_4$	80, 98
Sv（シーベルト）	65, 71, 72
S 期	125
S 字型曲線	121

T
Tb（テルビウム）	98
Tl（タリウム）	84
Tm（ツリウム）	98
TLD	80

W
W（タングステン）	45
W（ワット）	65

X
X 線	20, 21, 25

Y
Y 字検電器	99

ギリシャ文字

α－酸化アルミニウム	105

索 引

あ

アイソトープ	16
アルゴン	90
アルファ線	152
アルミニウム板	54,60
安全衛生管理体制	185,188
(公財)安全衛生技術試験協会	8
安全衛生技術センター	9
安全衛生推進者	182,185,190

い

イオン対	74
医師	180
一次精母細胞	132
一体型エックス線装置	41
一般法	153
遺伝的影響	116,127
印加電圧	77
陰極	39,47

う

運動エネルギー	19
雲母	43

え

衛生委員会	185,190
衛生管理者	185,188,190
衛生管理者免許	188,190
衛生工学衛生管理者	185,186
衛生工学衛生管理者免許	188,190
エックス線	20,25,152
エックス線厚さ計	59
エックス線応力測定装置	59
エックス線回折装置	59
エックス線管	40,44
エックス線感受性	123
エックス線作業主任者	172,175
エックス線発生器	41
エックス線発生装置	39,43
エックス線ビーム	52
エックス線マイクロアナライザー	59
エネルギー	65,71
エネルギー分布	22
エネルギー領域	21
エレクトロン	16
塩基の損傷	116

お

温度効果	110,113,116

か

ガイガー・ミュラー計数管式サーベイメータ	92
回復期	147
回復時間	91
外部被ばく	159
外部放射線	56,163,166,169
潰瘍	146
化学作用	75,77
化学的の防護効果	113
架橋形成	116
殻	17
角質層	129
確定的影響	121,126
確率的影響	121,126
数え落とし	91
加熱アニーリング	80
ガラス素子	103
顆粒球	135
肝	124
がん	116
関係法令	151
幹細胞	131,133,137
管軸	46
間接作用	108,110,113,116
間接電離放射線	108
汗腺	124
管電圧	21,40
管電圧調整用単巻変圧器	47
管電流	40
官能基	109,114
ガンマ線	21,25,152
管理区域	156
管理区域内	56

き

希釈効果	111,116
基準測定器	56
輝尽発光物質	104,105
気体増幅	89
軌道	16,17
軌道電子捕獲	23
基底細胞	129
基本法	153
吸収線量	64,67,70
吸光度	78
境界域	77
胸腺	124,139
記録保存性	97
銀	45
銀活性アルカリアルミナりん酸塩ガラス	103
緊急作業	158
緊急措置	162
金属板	51
筋肉	124

く

空気カーマ率	52,58
鎖の切断	116
クリプト細胞	129
グレイ	64,67
グローカーブ	80
グロー曲線	80
クロム	45

け

ケーシング	43
蛍光	76
蛍光エックス線	22,59
蛍光エックス線分析装置	59
蛍光ガラス線量計	79,97,101,103
蛍光作用	76,79
蛍光物質	76
計数値	91
計数率	91
携帯式エックス線装置	41
けいれん発作	146
下血	146
血管	124,139
血球	135
結合組織	124
血漿	135
結晶格子面	60
血小板	131,135
結晶粒	75
下痢	143,146
健康診断	181,184
原子核	16
原子番号	16
減弱係数	27
検出器	79,82
現像	75
現像核	75
憲法	153

索　引

こ

降圧変圧器	44
硬エックス線	25
好塩基球	135
合格基準	7
睾丸	124
後弓反張	146
好酸球	135
格子欠陥	180
甲状腺	124,139
高真空	43
厚生労働省告示	153
光速	17,24
好中球	135
高電圧・低電圧ケーブル	41
高電圧ケーブル	41
高電圧発生器	41
高電圧変圧器	47
光電効果	22
光電子増倍管	76,84
紅斑	138
鋼板	48,50,58
後方散乱線	53,58
効率	65
国際放射線防護委員会	147
告示	153
個人線量計	57,97,99,104
黒化金属粒子	75
黒化作用	75
国家標準	56
骨髄	123
骨髄死	142,146,149
古典力学	22
コバール合金	43
コバルト	43,45
固有エックス線	22
コロナ放電	77

さ

サーベイメータ	57,85,87
再結合領域	77
再生系	123
再生係数	37
再生不良性貧血	144
細胞再生系	131
細胞分裂期	125
細胞分裂周期	125
細胞分裂準備期	125
作業環境測定	174,179
撮影露出時間	55
酸化アルミニウム	105

産業医	182,185
酸素効果	110,113,116
散乱角	52,58
散乱角依存性	52
散乱線	52,58
散乱線強度	37

し

シーベルト	65
シート状	76
しきい線量	122,126,142
しきい値	68,120,142
シグモイド	120
試験科目	6
試験時間	6
試験地	7
試験日	7
施行規則	153
施行令	153
自己整流型エックス線発生装置	46
仕事	65
指数関数	27
システアミン	109,114
システィン	109,114
示性エックス線	22
自然放電	100
実効エネルギー	29,33
実効焦点	44,46
実効線量	65,69,72
実効線量限度	155
実焦点	146
実用量	69
質量	65
質量吸収係数	87
質量数	16
自動警報装置	166,168
死亡率	141
しぼり	173
写真作用	75
写真乳剤	75
遮へい	48
ジュール	65
臭化銀	75
周期律表	17
自由電子	76
絨毛細胞	128
重陽子線	152
重要度ランク	10
受験資格	6
受験申請書	7
受像面	164
出力パルス波高	84,91

消化管死	146
消化管上皮	131,139
照射回数	57
照射電子	39
照射筒	173
照射野	164
小焦点	46
小腸	129
漿膜	124
初期	147
神経系	124
神経細胞	124,139
神経線維（神経繊維）	124,139
震せん（震顫）	146
腎臓	124,139
シンチレータ	84
シンチレーション検出器	74,81,84
シンチレーション式サーベイメータ	84

す

膵	124
水晶糸	99
据置式エックス線装置	41
ステンレス	43

せ

制御器	41
精原細胞A	132
精原細胞B	132
制限比例域	77
精細胞	132
精子細胞	132
成熟細胞	131,133,137
生殖腺	124,139
生体影響	107
制動エックス線	22
石英繊維	99
赤外線吸収	78
積算型放射線測定器	56
積算線量	80
接眼レンズ	99
赤血球	135
セラミック	43
セリウム線量計	79,81
全強度	40
線吸収係数	27,31
線源	56
線減弱係数	27,31
線スペクトル	21,23
潜像	75

索引

全致死線量	142
前方散乱線	52,58
潜伏期	136,143,147
線量限度	155,157
線量死亡率曲線	141
線量当量	65,69
線量当量率	48,50,56,60
線量率	48,50,59

そ

増悪期	147
総括安全衛生管理者	182,185,189
早期紅斑	138
造血器官	124
造血死	146
相互作用	30
測定箇所	57
測定装置	39
組織荷重係数	65,69,72

た

ターゲット	44,46
ターゲット原子	40
第一半価層	27
胎児期	129
大焦点	46
第二半価層	27
唾液腺	124
脱水	146
脱毛	144
タリウム	84
タングステン	45

ち

中間系	124
中枢神経死	146,149
中性子	16
中性子線	152
腸死	146,149
腸腺窩	129
超軟エックス線	25
直接作用	108,110,116
直接電離放射線	108
直読式ポケット線量計	97,99

つ

ツリウム	98

て

低 LET 放射線	108
定格管電圧	165
定期健康診断	181
提出書類等	8
鉄	43,45
鉄線量計	77,81
テルビウム	98
電子	16
電子線	152
電子なだれ	77
電磁波	20,21
電離箱式サーベイメータ	89,94
電離箱領域	74
電離放射線	152
電離放射線健康診断個人票	184
電離放射線障害防止規則	152
電流パルス	84

と

ドーピング	98
ドープ	98
銅	45
同位元素	16
透過エックス線	52,59
等価線量	65,68,72
等価線量限度	155,157
糖の損傷	116
特性エックス線	22,59
特定エックス線装置	165
突然変異	116
都道府県労働局長	166
トリボンド	129
トレーサビリティ	56

な

内部被ばく	155
軟エックス線	25
軟骨	124

に

二次精母細胞	132
二次電離	77
ニッケル	43
ニュートロン	16
ニュートン力学	22
乳剤	75
妊娠可能女性	155
妊娠しない女性	155

ね

ネオン	90
熱蛍光強度	80
熱蛍光作用	76
熱蛍光線量計	76
熱蛍光物質	80
熱伝導率	45
熱膨張係数	43
熱ルミネッセンス作用	76
熱ルミネッセンス線量	80,97
熱ルミネッセンス物質	80
粘膜	124

の

濃液処理	98

は

肺	124
敗血症	146
ハイジャック防止用手荷物検査装置	175
白内障	68,127,144
波高値	165
波長領域	21
バックグラウンド値	56,57
白血球	127,135
発生効率	45
発生装置	39
波動	22
波動性	22
ハロゲン化銀	75
ハロゲン化金属	75
ハロゲンガス	90
半価層	27,28,29
半致死線量	141
半導体検出器	74,79,82
半導体ポケット線量計	97,104
晩発影響	145
晩発障害	144
晩発性障害	145

ひ

ビーム	152
光刺激ルミネッセンス線量計	79,97,104
非再生系	124
皮脂腺	124
ひずみ	60
皮膚	124,155

皮膚がん	144	
皮膚障害	68	
皮膚上皮	139	
標準偏差	85	
ビルドアップ係数	37	
比例計数管	74,79,82	
比例計数管領域	77	

ふ

フィラメント	39,46
フィラメント可変抵抗器	47
フィラメント変圧器	41,47
フィルムバッジ	56,75,79,97,101
フェーディング	97,102
不活性ガス	44,90
不感時間	91
複焦点	46
副腎	124
腹部表面	155
ふっ化カルシウム	80
ふっ化リチウム	80
不妊	127
プラトー領域	90
プランク定数	20
フリーラジカル	117
プロトン	16
分離型エックス線装置	41
分解時間	91
分子死	146

へ

ベータ線	152
平面状	80
ベクレル	65
ベリリウム	43
ベルゴニ	129
ベルゴニ・トリボンドの法則	129
ペレット状	76,80

ほ

防護剤	113
防護量	68
放射線	152

放射線業務従事者	156
放射線宿酔	127
放射線装置	163
放射線装置室	163,165
放射線測定器	56
放射線防護	68
放射線防護剤	113
放射束	65
放射能	65
棒状	76
飽和域	77
保管場所	162
保護効果	110,113,117
骨	124
ホルダー	80
ホルトフーゼン	123
本書の学習の仕方	10

ま

マウス	141,146,148
麻痺	146
万年筆タイプ	99

め

眼の水晶体	157
免疫	131
面間隔	60
免除科目	7

も

毛のう	124
モリブデン	45
モルモット	141

ゆ

有効期限	176
融点	45

よ

よう化セシウム	84
よう化ナトリウム	84
陽極	39,47
陽子	16,19

陽子線	152
幼若細胞	131,133
横波	20

ら

ラジカル	108,113,114
ラジカル・スカベンジャー	113,114
ラジカル化	111
卵巣	124

り

リーダ	80
硫酸カルシウム	80
硫酸ストロンチウム	80
硫酸セリウム	78
硫酸第一鉄	78
粒子	22,24
粒子性	22
粒子線	152
粒状	76
量子力学	22,24
量子論	22
リンパ球	129,135
リンパ組織	124

れ

励起電圧	20
連続エックス線	21
連続スペクトル	21,33
連続放電領域	77

ろ

労働安全衛生法	153
労働安全衛生法施行令	153,165
労働衛生コンサルタント	201
労働基準監督署長	166
ろ過板	173
ロッド状	76

わ

ワット	65

著 者

福井　清輔（ふくい　せいすけ）

〈略歴および資格〉

福井県出身，東京大学工学部卒業，および，同大学院修了，工学博士

〈主な著作〉

・「わかりやすいエックス線作業主任者 合格テキスト」（弘文社）

・「わかりやすい第1種放射線取扱主任者 合格テキスト」（弘文社）
・「わかりやすい第2種放射線取扱主任者 合格テキスト」（弘文社）
・「実力養成！第1種放射線取扱主任者 重要問題集」（弘文社）
・「実力養成！第2種放射線取扱主任者 重要問題集」（弘文社）
・「第1種放射線取扱主任者 実戦問題集」（弘文社）
・「第2種放射線取扱主任者 実戦問題集」（弘文社）

・「はじめて学ぶ　環境計量士（濃度関係）」（弘文社）
・「はじめて学ぶ　環境計量士（騒音・振動関係）」（弘文社）
・「基礎からの環境計量士 濃度関係 合格テキスト」（弘文社）
・「基礎からの環境計量士 騒音・振動関係 合格テキスト」（弘文社）

弊社ホームページでは，書籍に関する様々な情報（法改正や正誤表等）を随時更新しております。ご利用できる方はどうぞご覧下さい。
http://www.kobunsha.org
正誤表がない場合，あるいはお気づきの箇所の掲載がない場合は，下記の要領にてお問合せ下さい。

実力養成！
エックス線作業主任者試験　重要問題集

編　著　福井清輔（ふくいせいすけ）

印刷・製本　(株)チューエツ

発　行　所　株式会社　弘文社

〒546-0012　大阪市東住吉区中野2丁目1番27号
☎　(06)6797-7441
FAX　(06)6702-4732
振替口座　00940-2-43630
東住吉郵便局私書箱1号

代　表　者　岡﨑　達

ご注意
(1) 本書は内容について万全を期して作成いたしましたが，万一ご不審な点や誤り，記載もれなどお気づきのことがありましたら，当社編集部まで書面にてお問い合わせください。その際は，具体的なお問い合わせ内容と，ご氏名，ご住所，お電話番号を明記の上，FAX，電子メール（henshu2@kobunsha.org）または郵送にてお送りください。
(2) 本書の内容に関して適用した結果の影響については，上項にかかわらず責任を負いかねる場合がありますので予めご了承ください。
(3) 落丁・乱丁本はお取り替えいたします。